FORSCHUNGSBERICHTE DES LANDES NORDRHEIN-WESTFALEN

Nr. 1097

Herausgegeben
im Auftrage des Ministerpräsidenten Dr. Franz Meyers
von Staatssekretär Professor Dr. h. c. Dr. E. h. Leo Brandt

DK 621.833 + 621.91.02

Prof. Dr.-Ing. Dr. h. c. Herwart Opitz
Dipl.-Ing. Reinhard Thämer
Laboratorium für Werkzeugmaschinen und Betriebslehre
der Rhein.-Westf. Technischen Hochschule Aachen

Verschleiß- und Schnittkraftuntersuchungen
bei der Zahnradbearbeitung

WESTDEUTSCHER VERLAG · KÖLN UND OPLADEN 1962

ISBN 978-3-663-03966-2   ISBN 978-3-663-05155-8 (eBook)
DOI 10.1007/978-3-663-05155-8

Verlags-Nr. 011097

© 1962 Westdeutscher Verlag, Köln und Opladen

Gesamtherstellung: Westdeutscher Verlag

Inhalt

1. Einleitung 7
2. Spanbildung beim Wälzfräsen 8
   a) Spandicke beim Wälzfräsen 11
   b) Spandicken am Werkstück mit endlichem Durchmesser 13
   c) Einfluß des Axialvorschubes 16
   d) Spanbildung bei $\delta \neq 90°$ 20
   e) Arbeitsbereich des Wälzfräsers 22
3. Spanbildung beim Wälzstoßen 28
4. Zusammenfassung 32
   a) Verschleißuntersuchungen 32
   b) Schnittkraftuntersuchungen 36
5. Schlußbemerkungen 40

1. Einleitung

Für die wirtschaftliche Bearbeitung von Werkstücken ist der Werkzeugverschleiß von besonderer Bedeutung, vor allem, wenn relativ teure Werkzeuge verwendet werden, wie sie zur Herstellung von Verzahnungen erforderlich sind. Neben dem Werkzeugverschleiß ist auch eine richtige Dimensionierung der Maschine und der Aufspannelemente wichtig. Unter den angreifenden Kräften dürfen keine unzulässigen statischen und dynamischen Verformungen auftreten, die die Genauigkeit des Werkstückes beeinträchtigen können und die Standzeit des Werkzeuges herabsetzen. Schnittkraft und Werkzeugstandzeit hängen bei der spangebenden Bearbeitung im wesentlichen von den folgenden Einflußgrößen ab:
1. Werkstückwerkstoff und Schneidstoff
2. Schneidengeometrie
3. Zerspanungsbedingungen, wie Schnittgeschwindigkeit und Vorschub
4. Bearbeitungsverfahren

Um einmal gewonnene Ergebnisse auf andere Bearbeitungsverfahren übertragen zu können, kommt der Untersuchung des letzten Punktes besondere Bedeutung zu.

Für die Herstellung von Verzahnungen haben heute das Fräs- und das Stoßverfahren besondere Bedeutung erlangt. Beide Verfahren arbeiten nach dem Abwälzprinzip und nähern das geforderte Zahnflankenprofil durch eine endliche Zahl von Hüllschnitten an. Werkzeug und Werkstück laufen in der Verzahnmaschine wie ein Getriebe; beim Wälzstoßen liegt ein Getriebe mit parallelen Achsen, beim Wälzfräsen ein Getriebe mit sich kreuzenden Achsen vor.

Im folgenden sollen in erster Linie die Einflußgrößen auf die Spanbildung bei beiden Verfahren untersucht werden.

2. Spanbildung beim Wälzfräsen

Beim Wälzfräsen laufen Werkzeug und Werkstück miteinander wie ein Getriebe mit sich kreuzenden Achsen. Das Übersetzungsverhältnis wird in der Maschine eingestellt und ist gleich dem Zähnezahlverhältnis, also dem Verhältnis zwischen der Gangzahl des Fräsers und der geforderten Radzähnezahl. Die endgültige Form der Zahnflanke wird auf der Eingriffslinie erzeugt. Die Eingriffslinie steht bei Schraubgetrieben normal auf der Zahnflanke und schneidet die Kreuzungslinie, die kürzeste Verbindung zwischen Werkstückachse und Werkzeugachse, im Wälzpunkt. Entsprechend der Punktberührung bei Schraubgetrieben kann beim Wälzfräsen die Zahnflanke nur punktweise erzeugt werden.

Der Wälzfräser kann als Schrägstirnrad mit großem Schrägungswinkel und kleiner Zähnezahl angesehen werden. Im Normalfall liegt der Schrägungswinkel zwischen 80 und 89°, die Zähnezahl zwischen 1 und 2. Um eine Spanabnahme zu ermöglichen, sind die Fräserzähne (Fräsergänge) in bestimmten Abständen unterbrochen und mit Schneidkanten versehen. Die Schneidkanten müssen in ihrer Form genau der Zahnform entsprechen.

Bei Drehung des Fräsers beschreibt jeder Punkt einer Fräserschneide eine Kreisbahn um die Fräserachse. Der Abstand der einzelnen Fräserschneiden in Achsrichtung des Fräsers ist:

$$\varepsilon_s = \frac{t_a \cdot g}{i'} = \frac{m_n \cdot g \cdot \pi}{i \cdot \cos \gamma_0} \cdot \frac{\cos \gamma_0 - \sin^2 \gamma_0}{\cos \gamma_0} \tag{1}$$

für den spiralgenuteten Fräser und

$$\varepsilon_a = \frac{t_a \cdot g}{i} = \frac{m_n \cdot g \cdot \pi}{i \cdot \cos \gamma_0} \tag{2}$$

für den axialgenuteten Fräser.

Hierbei bedeuten:

m_n = Normalmodul

g = Gangzahl des Fräsers

i = Spannutenzahl

γ_0 = Steigungswinkel am Teilzylinder

i' = Zahl der Spannuten auf eine volle Fräserumdrehung

Die Größe $\frac{\cos \gamma_0 - \sin^2 \gamma_0}{\cos \gamma_0}$ ist bei normalen Fräsern vernachlässigbar, so daß im allgemeinen mit dem einfacheren Wert von ε_a gerechnet werden kann.

Folgende Einflußgrößen auf die Spanbildung sind beim Wälzfräsen zu unterscheiden:
1. Durchmesser von Fräser und Werkstück und die Fräserdaten
2. Winkelstellung zwischen Fräser- und Werkstückachse
3. Vorschub des Fräsers in Richtung der Werkstückachse (Axialvorschub)

Die Spanbildung soll – unter Außerachtlassen des Axialvorschubes – zunächst beim Wälzfräsen einer Zahnstange untersucht werden, wobei die Vorschubrichtung der Zahnstange mit der Achsrichtung des Fräsers zusammenfallen soll. Während die Fräserschneide eine Kreisbahn um die Fräserachse beschreibt, wird

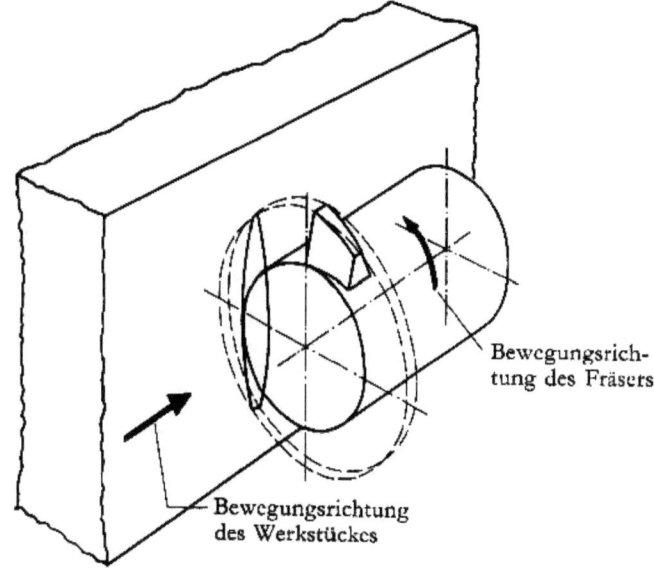

Abb. 1   Drehbewegungen beim Wälzfräsen

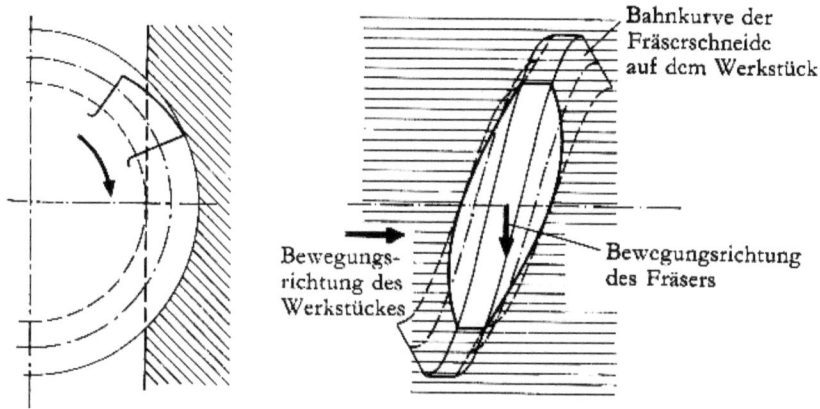

Abb. 2   Gefräste Zahnlücke, Axialvorschub = 0

das Werkstück im vorgeschriebenen Übersetzungsverhältnis verschoben. Wie Abb. 1 zeigt, schneidet die Fräserschneide eine Lücke in das Werkstück, welche infolge der Werkstückbewegung unter einem bestimmten Winkel zur Vorschubrichtung verläuft.

Die Abb. 2 zeigt die eingefräste Zahnlücke. Man erkennt, daß die Flanken der Zahnlücke am Kopf und am Fuß unterschiedlich stark gekrümmt sind, da die Steigungswinkel des Fräsers am Kopf und am Fuß der Fräserschneide verschieden sind. Eine zweite Fräserschneide in demselben Fräsergang nimmt bei richtigem Übersetzungsverhältnis kein Material mehr ab, sondern läuft nur durch die von der ersten Fräserschneide ausgebildete Zahnlücke. In diesem Falle würde also die gesamte Zerspanungsarbeit nur von der ersten Fräserschneide ausgeführt.

Stehen die Verschieberichtung des Werkstückes und die Achsrichtung des Fräsers unter einem bestimmten Winkel $\varkappa$ zueinander geneigt, so ist die zweite Fräserschneide gegenüber der vorhergehenden Fräserschneide um das Stück

$$\varepsilon \cdot \tang \varkappa \qquad (3)$$

in Richtung der Zahnlücke versetzt. Die gefräste Zahnlücke wird also von der zweiten und von jeder folgenden Fräserschneide um dieses Stück verlängert (Abb. 3).

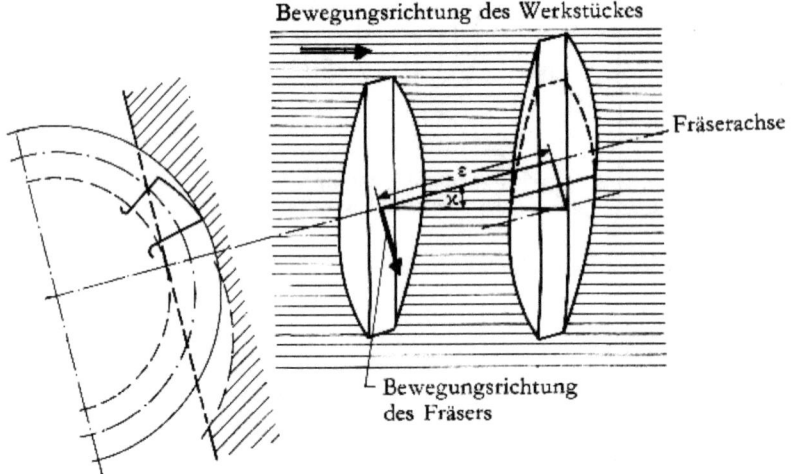

Abb. 3 Einfluß des Achsenkreuzungswinkels

Eine dritte Einflußgröße auf die Spanform ist der Axialvorschub des Fräsers. Wird der Fräser während der Bearbeitung kontinuierlich senkrecht zur Bewegungsrichtung des Werkstückes verschoben, so beträgt die Verschiebung jeder einzelnen Fräserschneide gegenüber der vorhergehenden Schneide s_z senkrecht zur Bewegungsrichtung des Werkstückes oder $s_z/\cos \beta_0$ in Richtung der Zahnlücke, wobei β_0 die Zahnschräge des Werkstückes angibt.

Ist s die Gesamtverschiebung des Fräsers über z_2 Werkstückzähne, so ist

$$s_z = s \cdot \frac{g}{i \cdot z_2} \tag{4}$$

Diese Größe ist unabhängig von der Winkelstellung der Fräserachse zur Bewegungsrichtung des Werkstückes.

a) Spandicken beim Wälzfräsen

Wie im vorigen Abschnitt gezeigt wurde, ist zur Bestimmung der Spandicken beim Wälzfräsen vor allem die Verschiebung der einzelnen Fräserschneiden gegeneinander in Richtung der Zahnlücke von Bedeutung. Neben dieser Verschiebung ist jedoch auch die Zustellung des Werkzeuges an das Werkstück, das heißt die Frästiefe der einzelnen Fräserschneide wichtig, auf welche bei der Behandlung von Werkstücken mit endlichem Durchmesser noch näher eingegangen werden soll.

Bei Verschiebung des Fräsers in Richtung der Zahnlücke wird die größte Spandicke am Kopf der Fräserschneide nach Abb. 4 ermittelt. Es ist:

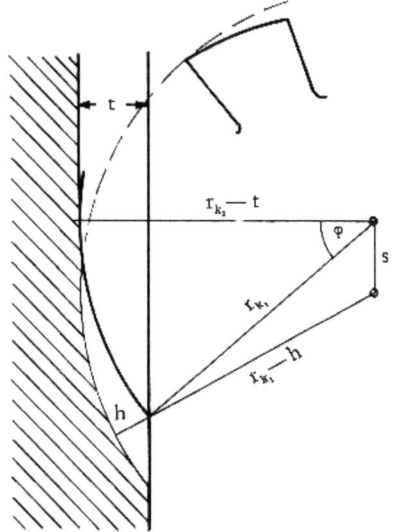

Abb. 4 Spandicke bei axialer Fräserverschiebung

$$(r_{k_1} - h)^2 = s^2 + r_{k_1}^2 - 2\, r_{k_1} \cdot s \cdot \cos(90° - \varphi) \tag{5}$$

$$h = r_{k_1} - \sqrt{s^2 + r_{k_1}^2 - 2\, r_{k_1} \cdot s \cdot \cos(90° - \varphi)}$$

$$\cos \varphi = \frac{r_{k_1} - t}{r_{k_1}}\,; \qquad \sin \varphi = \frac{1}{r_{k_1}} \sqrt{2\, r_{k_1} t - t^2} \tag{6}$$

$$h = r_{k_1} - \sqrt{s^2 + r_{k_1}^2 - 2\, s \sqrt{2 r_{k_1} t - t^2}}$$

Diese Gleichung läßt sich durch folgende Näherungslösung vereinfachen:
Nach Gl. (5) ist

$$r_{k_1}^2 - 2\,r_{k_1}h + h^2 = s^2 + r_{k_1}^2 - 2\,s\sqrt{(2\,r_{k_1}^2 - t)\cdot t}$$

Da $h \ll 2\,r_{k_1}$ ist, ist auch $h - 2\,r_{k_1} \approx -2\,r_{k_1}$.

Damit wird dann:

$$h \approx \frac{s}{r_{k_1}}\left(\sqrt{(2_{k_1} - t)\cdot t} - \frac{s}{2}\right) \tag{6a}$$

Hierin bedeuten:

r_{k_1} = Kopfkreisradius des Fräsers

t = Frästiefe

s = Verschiebung in Richtung der Zahnlücke

h = Spandicke

Bei radialer Zustellung des Fräsers, das heißt bei Vergrößerung der Frästiefe, wird die Spandicke nach Abb. 5 ermittelt. Es ist:

t_1 die vorhandene Frästiefe

t_2 die Zustellung des Fräsers

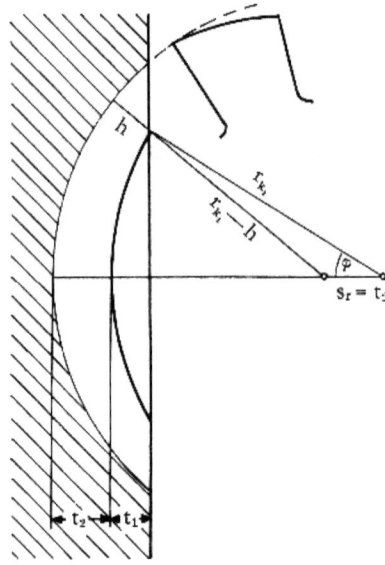

Abb. 5   Spandicken bei radialer Fräserverschiebung

Die größte Spandicke ist gleich der Zustellung t_2. Die Spandicke beim Eindringen der Fräserschneide in das Werkstück oder beim Austritt aus dem Werkstück ergibt sich nach Abb. 5.

$$(r_{k_1} - h)^2 = r_{k_1}^2 + t_2^2 - 2\,r_{k_1} t_2 \cdot \cos \varphi \tag{7}$$

$$\cos \varphi = \frac{r_{k_1} - t_1}{r_{k_1}}$$

$$h = r_{k_1} - \sqrt{(r_{k_1} - t_2)^2 + 2\,t_1 t_2} \tag{8}$$

Auch diese Gleichung läßt sich durch eine Näherungslösung vereinfachen, da wieder $h \ll 2\,r_{k_1}$:

$$h \approx \frac{t_2}{r_{k_1}}\left(r_{k_1} - \frac{t_2}{2} - t_1\right) \tag{8a}$$

Mit Hilfe dieser Gleichungen können die Spandicken am Kopf der Fräserschneiden bestimmt werden. Die Spandicken an den Flanken der Fräserschneide sind beim Werkstück mit unendlich großem Durchmesser nur von der Spandicke am Kopf und vom Eingriffswinkel abhängig, wenn für die Fräserschneide in erster Näherung ein trapezförmiges Profil angenommen wird. Dann ist:

$$h_F = h_1 \cdot \sin \alpha \tag{9}$$

b) Spandicken am Werkstück mit endlichem Durchmesser

Beim Fräsen von Radkörpern mit endlichem Durchmesser können nur diejenigen Fräserschneiden arbeiten, welche in die Mantelfläche des Werkstückes eindringen. Die Durchdringung von Werkzeug und Werkstück ist in Abb. 6 dargestellt. Form und Größe der Durchdringungskurve sind vom Durchmesser der Kopfzylinder von Werkzeug und Werkstück, von der Frästiefe und vom Kreuzungswinkel zwischen Werkzeug- und Werkstückachse abhängig.
Aus der Form der Durchdringungskurve geht hervor, daß jede einzelne Fräserschneide eine andere Frästiefe aufweist. Die größte Frästiefe zeigt immer diejenige Fräserschneide, deren Bahn die Kreuzungslinie schneidet, die also in Maschinenmitte liegt (Abb. 7).
Beträgt der Kreuzungswinkel $\delta = 90°$, wie es beispielsweise beim Fräsen eines Schneckenrades der Fall ist, so taucht jede einzelne Fräserschneide tiefer in das Werkstück ein als die vorhergehende Schneide. Nach Abb. 7 ist die Eintauchtiefe t_1

$$t_1 = \sqrt{r_{k_2}^2 - x^2} - (r_{k_2} - T) \tag{10}$$

r_{k2} = Kopfkreisdurchmesser des Werkstückes
T = Zustelltiefe des Fräsers
x = Abstand der betrachteten Fräserschneide von der Maschinenmitte

Die nachfolgende Fräserschneide ist um das Stück ε zur Maschinenmitte hin auf der Fräserachse versetzt.
Schneidet die erste Fräserschneide im Abstand $x + \varepsilon$ von der Maschinenmitte, so dringt die zweite Schneide um das Stück t_2 tiefer in das Werkstück ein.

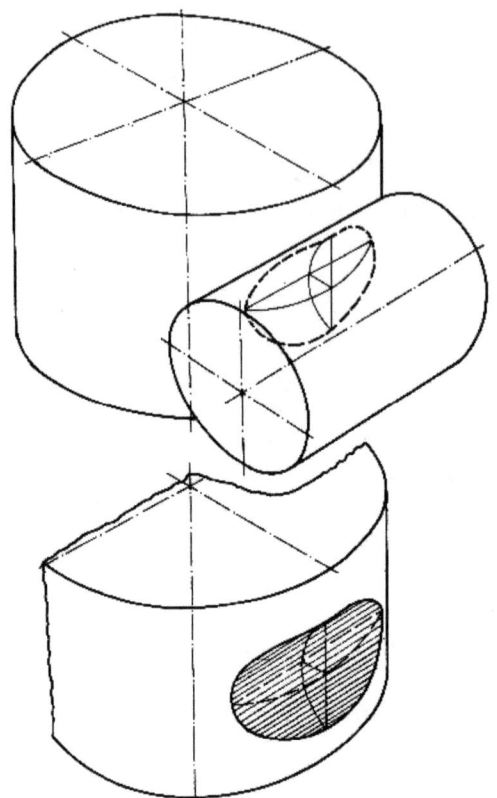

Abb. 6   Durchdringung von Werkzeug und Werkstück

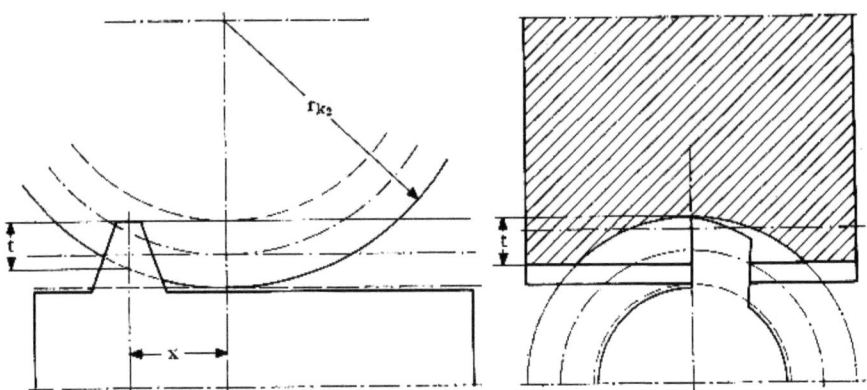

Abb. 7   Frästiefe der Fräserschneiden

Nach Abb. 8 ist
$$(r_{k_2} - T)^2 + (x + \varepsilon)^2 = (r_{k_2} - T + t_2)^2 + x^2 \tag{11}$$

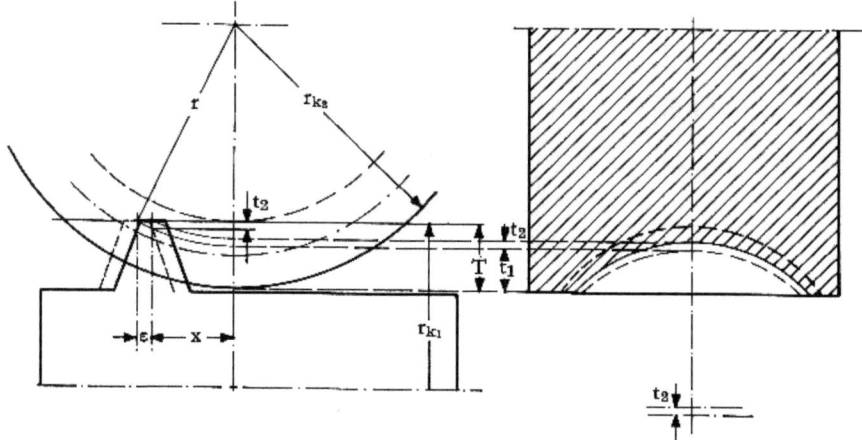

Abb. 8 Frästiefe zweier aufeinanderfolgender Fräserschneiden

Daraus folgt:

$$t_2 = \sqrt{(r_{k_2} - T)^2 + 2x\varepsilon + \varepsilon^2} - (r_{k_2} - T) \qquad (12$$

Da wieder $t_2 \ll 2(r_{k_2} - T)$ ist, gilt als Näherungslösung:

$$t_2 \approx \frac{\varepsilon}{2} \frac{2x + \varepsilon}{r_{k_2} - T} \qquad (12a)$$

Unter Benutzung der angegebenen Näherungslösungen lautet daher die Gleichung für die Spandicke nach Gl. (8a):

$$h \approx \frac{\varepsilon}{2 r_{k_1}} \frac{2x + \varepsilon}{r_{k_2} - T} \left[r_{k_1} - \frac{\varepsilon}{4} \frac{2x + \varepsilon}{r_{k_2} - T} + (r_{k_2} - T) - \sqrt{r_{k_2} - (x + \varepsilon)^2} \right] \qquad (13)$$

Diese Gleichung gibt die Spandicke am Kopf der Fräserschneide beim Eindringen bzw. beim Austreten aus dem Werkstück an. Die Spandicke ist lediglich von den geometrischen Abmessungen von Werkzeug und Werkstück abhängig; die an der Maschine einstellbaren Bearbeitungsbedingungen, wie Schnittgeschwindigkeit und Vorschub, blieben unberücksichtigt.

Den Einfluß der geometrischen Abmessungen auf die Spandicke zeigt Abb. 9. Für verschiedene Werkstückdurchmesser ist die Spandicke am Kopf der Fräserschneide in Abhängigkeit vom Abstand der Fräserschneide zur Maschinenmitte mit dem Werkstückdurchmesser als Parameter aufgetragen. Die Fräserabmessungen und die Frästiefe blieben konstant. Die Fräserabmessungen entsprechen einem Wälzfräser mit Modul $m = 5$ mm nach DIN 8002. Man erkennt, daß die Spandicke nahezu linear mit dem Abstand von der Maschinenmitte ansteigt und daß der Werkstückdurchmesser sehr stark in die Spandicke eingeht.

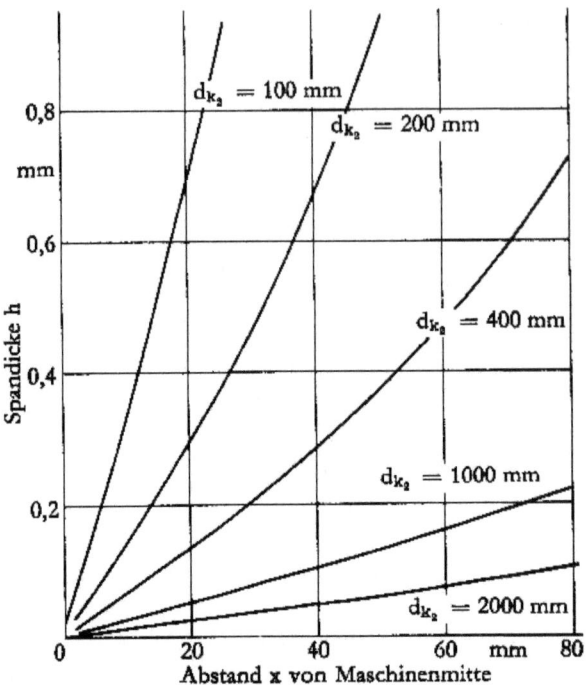

Fräserdaten: $d_k = 100$ mm
$\varepsilon = 1{,}5$ mm
Frästiefe: $T = 10$ mm

Abb. 9   Spandicken an den Schneiden des Wälzfräsers

c) Einfluß des Axialvorschubes

Wird der Fräser während der Bearbeitung kontinuierlich in Achsrichtung des Werkstückes verschoben, so erfolgt die Ausbildung des Zahngrundes am Werkstück auf einer sehr flachen Spirale, deren Steigung der Größe s, dem Vorschub pro Werkstückumdrehung, entspricht. Der Vorschub pro Fräserschneide beträgt nach Gl. (4)

$$s_z = s \cdot \frac{g}{i \cdot z_2}$$

worin z_2 jetzt die Zähnezahl des Werkstückes angibt. Diese Größe ist praktisch vernachlässigbar, wie aus folgender Überlegung hervorgeht.
Beim Fräsen eines Rades mit $z_2 = 15$ Zähnen und bei Verwendung eines eingängigen Wälzfräsers mit $i = 9$ Spannuten ist

$$s_z = s \cdot \frac{1}{9 \cdot 15} = 0{,}0074 \cdot s$$

Bei 30 arbeitenden Fräserschneiden verschiebt sich der Fräser um $30 \cdot s_z = 0{,}222 \cdot s$ beim Bearbeiten einer einzigen Zahnlücke. Diese Zahnlücke läuft nun mit dem Werkstück um, ohne vom Fräser berührt zu werden. Während des Umlaufes verschiebt sich der Fräser weiter um $s' = 0{,}778 \cdot s$, bis dieselbe Zahnlücke die erste arbeitende Fräserschneide wieder erreicht. Diese Verhältnisse werden noch deutlicher bei größeren Werkstückzähnezahlen.

Bei $z_2 = 100$ wird
$$s_z = 0{,}0011 \cdot s$$
und bei 50 arbeitenden Fräserschneiden verschiebt sich der Fräser beim Bearbeiten einer Zahnlücke um
$$50 \cdot s_z = 0{,}0555 \cdot s$$
Bis diese Zahnlücke wieder die erste arbeitende Fräserschneide erreicht hat, hat sich jedoch der Fräser um
$$s' = 0{,}9445 \cdot s$$
in Achsrichtung verschoben.

Nach diesen Überlegungen kann also die Fräserverschiebung während der Bearbeitung einer Zahnlücke i. a. außer acht gelassen werden, da der größte Teil des Vorschubweges dann zurückgelegt wird, wenn die Zahnlücke nicht bearbeitet wird. Lediglich bei sehr kleinen Zähnezahlen und bei kleinen Spannutenzahlen des Fräsers muß die Verschiebung während der Bearbeitung beachtet werden, worauf im Rahmen der vorliegenden Untersuchungen jedoch verzichtet werden soll.

Unter den oben genannten Voraussetzungen kann die Lage der ersten arbeitenden Fräserschneide bei einem Achsenkreuzungswinkel von $\delta = 90°$ rechnerisch leicht ermittelt werden. Während der Bearbeitung taucht jede Fräserschneide tiefer in das Werkstück ein als die vorhergehende Schneide. Projiziert man alle Bahnkurven auf eine Ebene in der Maschinenmitte, so sieht man, daß die Form des Zahngrundes nur von derjenigen Fräserschneide bestimmt ist, welche in Maschinenmitte liegt (Abb. 8). Nach einer Werkstückumdrehung ist der Fräser um das Stück s in Achsrichtung des Werkstückes verschoben. Die erste arbeitende Fräserschneide ist dann diejenige Schneide, welche den Eckpunkt der vorgefrästen Zahnlücke berührt.

Die Entfernung x_1 dieser Fräserschneide von der Maschinenmitte wird nach Abb. 10 ermittelt.

Es ist:
$$(l - s)^2 = r_{k_1}^2 - (r_{k_1} - T + z)^2 \tag{14}$$
$$z = \sqrt{r_{k_1}^2 - (l - s)^2} - (r_{k_1} - T) \tag{15}$$
$$l^2 = r_{k_1}^2 - (r_{k_1} - T)^2$$
$$z = \sqrt{(r_{k_1} - T)^2 - s^2 + 2s\sqrt{T \cdot (2r_{k_1} - T)}} - (r_{k_1} - T) \tag{16}$$

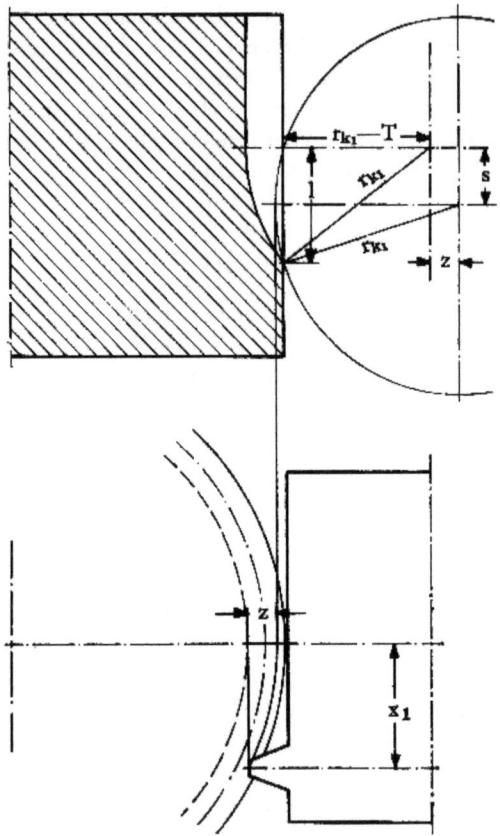

Abb. 10 Ermittlung der ersten arbeitenden Fräserschneide

Für den praktischen Gebrauch läßt sich diese Gleichung wieder durch eine Näherungslösung ersetzen, da $z \ll 2\,(r_{k_1} - T)$, und man erhält

$$z \approx \frac{s}{(r_{k_1} - T)} \left[\sqrt{T \cdot (2\,r_{k_1} - T)} - \frac{s}{2} \right] \qquad (16a)$$

Der Abstand x_1 von der Maschinenmitte für die erste arbeitende Fräserschneide ist dann

$$x_1 = \sqrt{z \cdot (2\,r_k - z)} \qquad (17)$$

Unter Vernachlässigung der Verschiebung pro Fräserschneide s_z ist die Spandicke der einzelnen Fräserschneiden vom Vorschub unabhängig und nur von der Kinematik des Verzahnungsvorganges abhängig. Wie aus Abb. 9 hervorging, steigt die Spandicke mit zunehmendem Abstand von der Maschinenmitte annähernd linear an, die größte Spandicke liegt demnach an der ersten arbeitenden Fräserschneide vor. Die Abb. 11 zeigt den Abstand der ersten arbeitenden Fräserschneide von der Maschinenmitte für verschiedene Werkstückdurchmesser

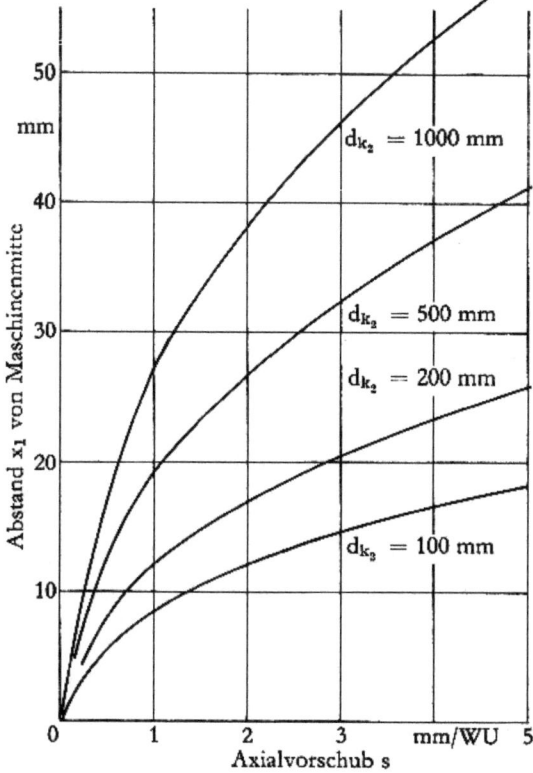

Fräser: $d_{k_1} = 100$ mm; Frästiefe: $T = 10$ mm

Abb. 11 Einfluß des Axialvorschubes auf die Arbeitslänge

in Abhängigkeit vom Axialvorschub des Fräsers. Der Fräser entspricht wieder einem Wälzfräser mit $m = 5$ mm nach DIN 8002. Man erkennt, daß die Zahl der arbeitenden Fräserschneiden mit zunehmendem Werkstückdurchmesser und mit zunehmendem Axialvorschub degressiv ansteigt.

In den Abb. 12 und 13 ist die Spandicke am Kopf der ersten arbeitenden Fräserschneide in Abhängigkeit vom Axialvorschub dargestellt. Entsprechend der Darstellung in Abb. 9 wächst die Spandicke bei konstantem Werkstückdurchmesser bei zunehmendem Axialvorschub, bei zunehmendem Werkstückdurchmesser fällt jedoch die Spandicke nach Abb. 12 stark ab. So steigt die Spandicke bei einem Werkstückdurchmesser von 100 mm (entsprechend $z_2 = 20$) von 0,4 auf 0,56 mm, wenn der Vorschub von 2 auf 4 mm pro Werkstückumdrehung erhöht wird, bei einem Werkstück mit 1000 mm Durchmesser (entsprechend $z_2 = 200$) nur von 0,1 auf 0,14 mm. Die relative Spandickenzunahme beträgt in beiden Fällen etwa 40%.

Man erkennt auch, daß die Spandicken bei kleinem Werkstückdurchmesser erhebliche Werte bis über 0,5 mm annehmen können. Die Spandicken beim

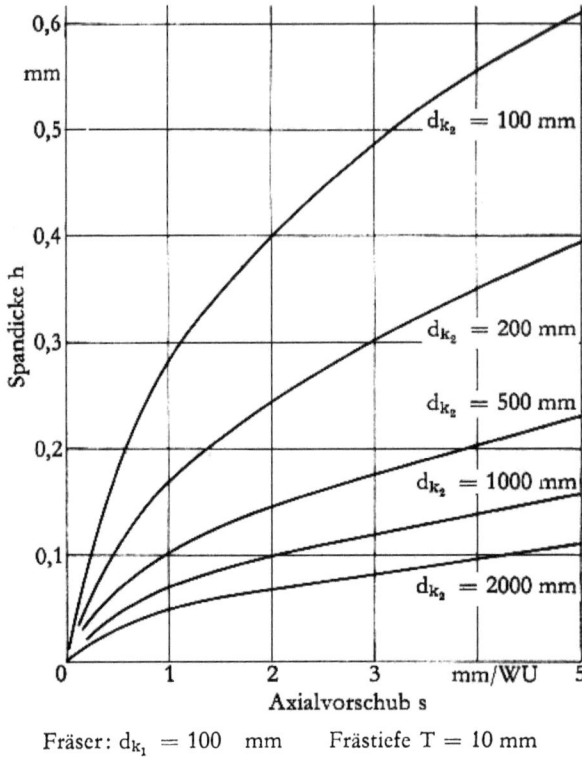

Fräser: $d_{k_1} = 100$ mm   Frästiefe $T = 10$ mm
$\varepsilon = 1{,}5$ mm

Abb. 12   Einfluß des Axialvorschubes auf die größte Spandicke

Wälzfräsen können damit wesentlich über den Werten liegen, die beim normalen Walzenfräsen zugelassen werden. Hier liegen im Mittel Spandicken von etwa 0,2 mm vor.

d) Spanbildung bei $\delta \neq 90°$

Weicht der Kreuzungswinkel zwischen Werkstückachse und Fräserachse von 90° ab, so liegen die Bahnkurven der einzelnen Fräserschneiden in Richtung der Zahnlücke um das Stück

$$\varepsilon \cdot \tang \varkappa = \varepsilon \cdot \cot \delta \tag{3}$$

gegeneinander versetzt. Die Spandicke wird jetzt bestimmt durch die radiale Zustellung des Fräsers infolge der Werkstückkrümmung nach Gl. (13) und der Versetzung der einzelnen Fräserschneiden in Richtung der Zahnlücke nach den Gl. (3) und (6a). Ein geschlossener Ausdruck für die Spandicke am Kopf der Fräserschneide wurde für diesen Fall noch nicht entwickelt.

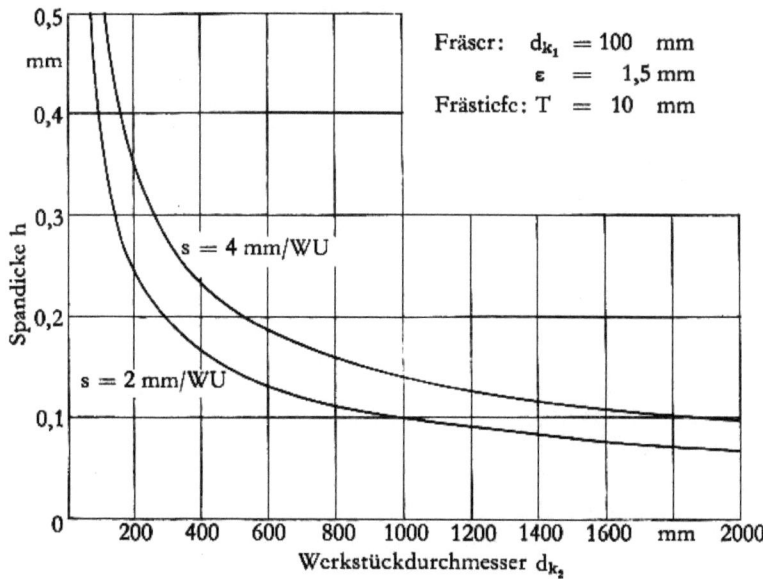

Abb. 13   Spandicke an der ersten arbeitenden Fräserschneide

Durch die Schräglage der Fräserachse verschiebt sich auch die Lage der ersten arbeitenden Fräserschneide, wie aus den Gegenüberstellungen in Abb. 14

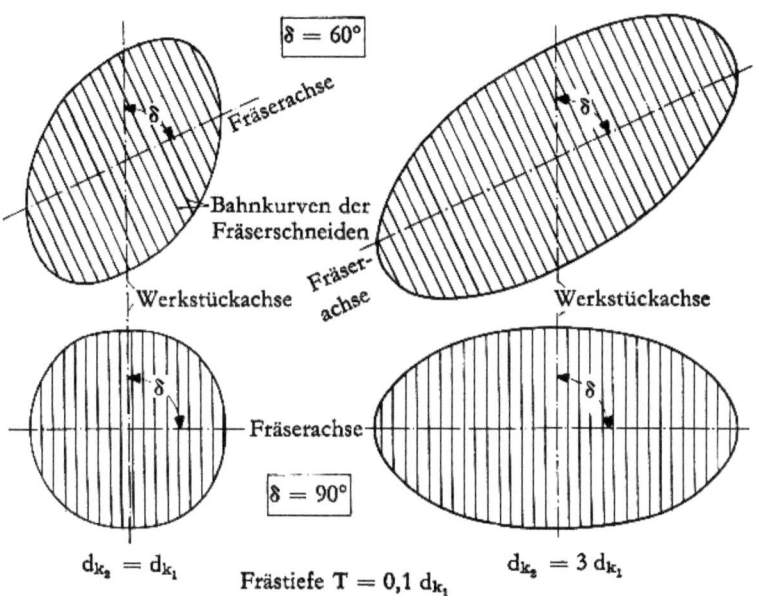

Abb. 14   Durchdringungskurven von Werkzeug und Werkstück

hervorgeht. Ebenso haben infolge der Schräglage der Eintrittspunkt der Fräserschneide in den Radkörper und der Austrittspunkt verschiedene Abstände von der Maschinenmitte (Abb. 15).

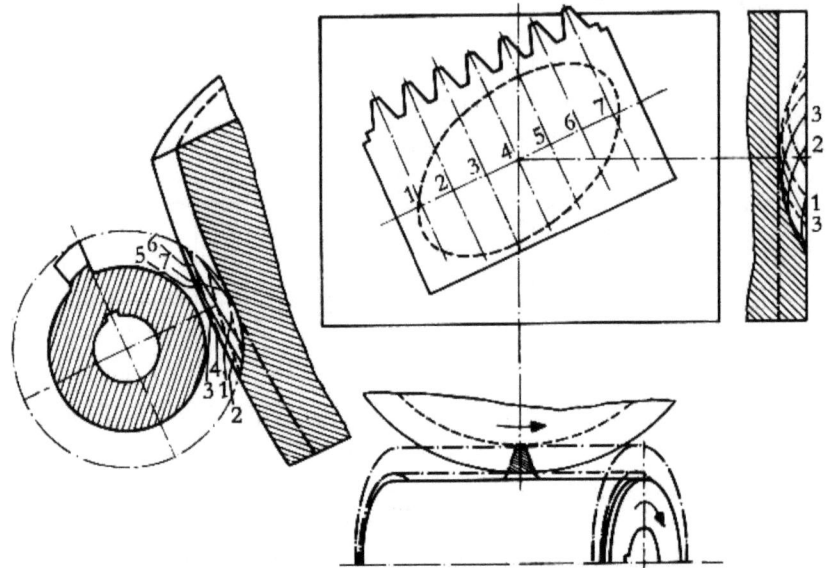

Abb. 15 Spanabnahme beim Wälzfräsen

e) Arbeitsbereich des Wälzfräsers

Der Arbeitsbereich des Wälzfräsers gibt an, welche Fräserschneiden an der Ausbildung der Zahnlücke beteiligt sind. Zunächst soll derjenige Teil des Arbeitsbereiches ermittelt werden, in welchem der Kopf der Fräserschneide arbeitet, da sich in zahlreichen Verschleißuntersuchungen an Wälzfräsern ergeben hat, daß der Kopf der Fräserschneide und die Eckpunkte zwischen Kopf und Flanke besonders stark verschleißen.

Für einen Achsenkreuzungswinkel $\delta = 90°$ erstreckt sich dieser Arbeitsbereich von der nach Gl. (17) bestimmten ersten arbeitenden Fräserschneide bis zur Maschinenmitte. Die Spanlänge ist an der ersten arbeitenden Fräserschneide 0, da diese Fräserschneide die bereits vorgefräste Zahnlücke gerade berührt, und steigt bis zu einem Endwert an der Fräserschneide in Maschinenmitte. Da innerhalb dieses Arbeitsbereiches bei $\delta = 90°$ jede Fräserschneide tiefer in das Werkstück eindringt als die vorhergehende Fräserschneide, ohne daß die Lage der Mittelpunkte für die Bahnkurven der einzelnen Fräserschneiden in Achsrichtung des Werkstückes sich ändert, bestimmt allein die letzte arbeitende Fräserschneide in Maschinenmitte die Form der Zahnlücke. Die Ermittlung des Arbeitsbereiches für den Kopf der Fräserschneide zeigt Abb. 16.

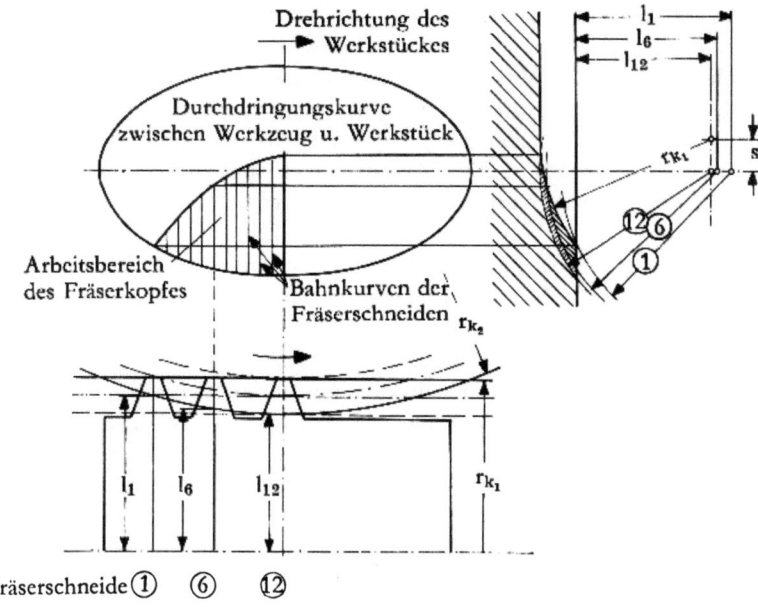

Abb. 16   Arbeitsbereich des Fräserkopfes

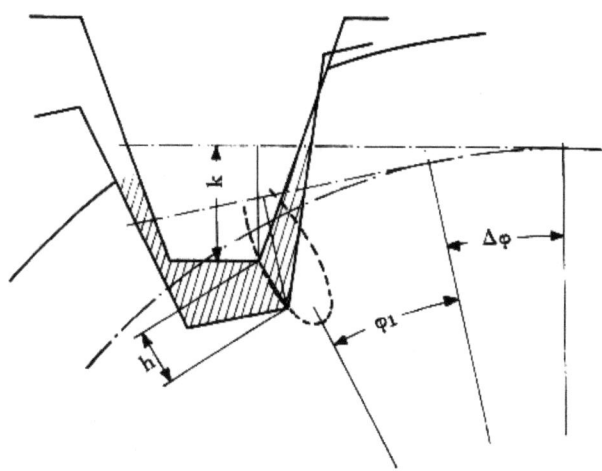

Abb. 17   Spandicke an der Ecke der Fräserschneide

Für Achsenkreuzungswinkel $\delta \neq 90°$ wird die Form der gefrästen Zahnlücke nicht nur von der letzten arbeitenden Fräserschneide, sondern von allen Fräserschneiden bestimmt. Während die in Maschinenmitte liegende Fräserschneide am tiefsten in das Werkstück eindringt, bestimmt eine andere Fräserschneide die axiale Ausdehnung der Zahnlücke, wie bereits aus der Durchdringungskurve in Abb. 14 oben hervorging. Der Arbeitsbereich muß daher für jede einzelne Fräserschneide ermittelt werden. Untersuchungen hierüber werden z. Z. noch durchgeführt.

Innerhalb des angegebenen Arbeitsbereiches schneidet jede Fräserschneide mit dem Kopf in das volle Material. Innerhalb dieses Bereiches kann daher die Spanabnahme verglichen werden mit dem Wälzhobelverfahren, bei dem ein Werkzeugzahn während der Wälzbewegung das Zahnlückenprofil erzeugt, wobei der Kopf des Werkzeugzahnes auf einer Evolventenlinie in das Werkstück eindringt.

Hierbei wird während des Verzahnungsvorganges die Wälzlinie des Bezugsprofils am Wälzkreis des Werkstückes abgerollt. Jeder Punkt des Bezugsprofils beschreibt relativ zum Werkstück eine Evolvente, und zwar beschreiben Punkte zwischen Kopf- und Wälzlinie eine verlängerte Evolvente, Punkte zwischen Wälz- und Fußlinie eine verkürzte Evolvente.

Die Gleichung der verlängerten Evolvente nach Abb. 17 lautet:

$$x = (r_0 - k) \cdot \sin \varphi - r_0 \cdot \varphi \cdot \cos \varphi$$
$$y = (r_0 - k) \cdot \cos \varphi + r_0 \cdot \varphi \cdot \sin \varphi \qquad (18)$$

Zwischen zwei Hüllschnitten wird das Werkstück um den Winkel $\Delta \varphi$ weitergedreht. Die Eindringtiefe eines Punktes der Fräserschneide beträgt dann:

$$h_E = \sqrt{(x_2 - x_1)^2 + (y_2 - y_1)^2} = \sqrt{\Delta x^2 + \Delta y^2} \qquad (19)$$

Es ist:

$$\Delta x = (r_0 - k)(\sin \varphi_2 - \sin \varphi_1) - r_0(\varphi_2 \cdot \cos \varphi_2 - \varphi_1 \cdot \cos \varphi_1)$$
$$\Delta y = (r_0 - k)(\cos \varphi_2 - \cos \varphi_1) + r_0(\varphi_2 \cdot \sin \varphi_2 - \varphi_1 \cdot \sin \varphi_1) \qquad (20)$$

Daraus ergibt sich:

$$\Delta x^2 + \Delta y^2 = 4(r_0 - k)^2 \cdot \sin^2 \frac{\Delta \varphi}{2} - 2 r_0(r_0 - k) \Delta \varphi \cdot \sin \Delta \varphi$$
$$+ r_0^2 \left[\Delta \varphi^2 + 4(\varphi_1^2 + \varphi_1 \cdot \Delta \varphi) \cdot \sin^2 \frac{\Delta \varphi}{2} \right] \qquad (21)$$

Die Größe $\varphi_2 - \varphi_1$ wurde hierbei gleich $\Delta \varphi$ gesetzt.

Der Winkel $\Delta \varphi$ ergibt sich bei Geradestirnrädern aus der Zähnezahl des Werkstückes und aus der Spannutenzahl des Werkzeuges.

Es ist:

$$\Delta \varphi = \frac{2 \pi \cdot g}{z_2 \cdot j} \qquad (22)$$

Für Schrägstirnräder ist:

$$\Delta \varphi_s = \frac{2 \cdot \pi}{z_2 \cdot i} \cdot g \cdot \cos \beta \qquad (23)$$

Da der Winkel $\Delta \varphi$ sehr klein ist, kann als Näherungslösung

$$\sin \Delta \varphi \approx \Delta \varphi$$

eingesetzt werden. Daraus folgt dann für die Spandicke am Eckpunkt der Fräserschneide:

$$\begin{aligned} h_E &= \Delta \varphi \sqrt{k^2 + r_0^2 \cdot \varphi(\varphi + \Delta \varphi)} \\ &= \frac{2\pi}{i} \frac{g}{z_2} \sqrt{k^2 + r_0^2 \cdot \varphi\left(\varphi + \frac{2\pi}{i} \frac{g}{z_2}\right)} \end{aligned} \qquad (21a)$$

Setzt man für den Winkel φ wieder den Abstand x von der Maschinenmitte ein, so ist

$$x = \varphi \cdot r_0$$

und

$$\varphi = \frac{x}{r_0} \qquad (24)$$

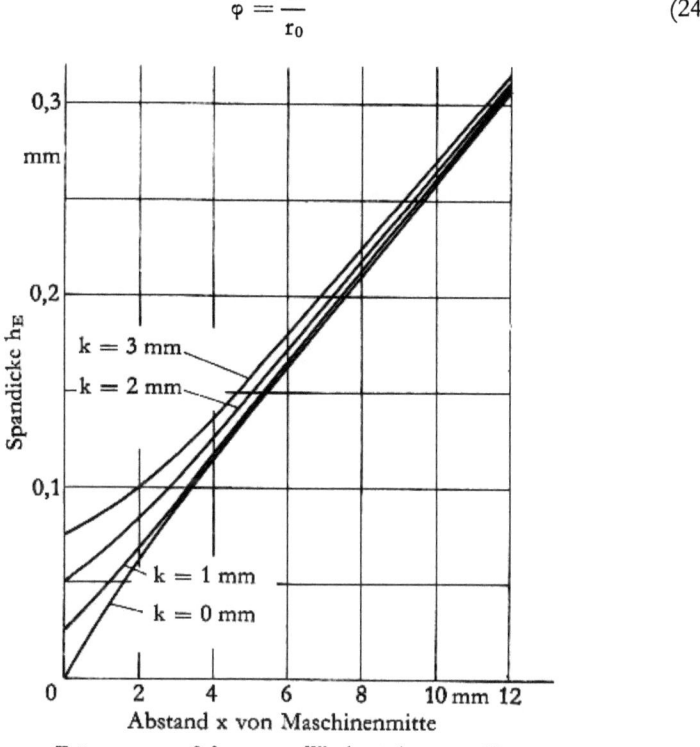

Fräser: $m = 3{,}0$ mm   Werkstück: $z = 28$
$\gamma_0 = 2°44'$ $\beta_0 = 0°$
$i = 9$ $d_0 = 84$ mm
$d_k = 70$ mm $\alpha_0 = 20°$

Abb. 18   Spandicke an der Ecke der Fräserschneide

Damit wird:

$$h_E = \frac{2\pi}{i} \frac{g}{z_2} \sqrt{k^2 + x^2 + r_0 \cdot x \frac{2\pi \cdot g}{i \cdot z_2}} \qquad (25)$$

Die Abb. 18 zeigt die Spandicken h_E in Abhängigkeit vom Abstand x für verschiedene Zahnkopfhöhen k. Aus der Abbildung geht hervor, daß der Einfluß der Zahnkopfhöhe mit zunehmendem Abstand von der Maschinenmitte sehr klein wird. Die jeweilige Zahnkopfhöhe ergibt sich aus der Stellung des Fräsers zu

$$k = r_{k_1} \cdot \cos \psi - r_{0_1} \qquad (26)$$

ψ = Verdrehwinkel des Fräsers

Die Abb. 19 zeigt für das im Diagramm der Abb. 18 gezeigte Beispiel den Arbeitsbereich des Fräserkopfes und den gemessenen Freiflächenverschleiß an den

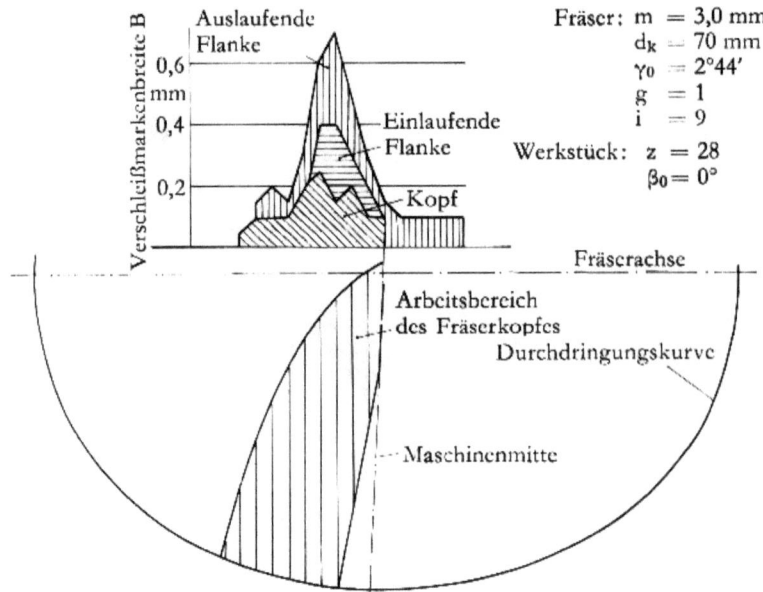

Abb. 19 Arbeitsbereich und Freiflächenverschleiß beim Wälzfräser

einzelnen Fräserschneiden, ausgedrückt durch die Verschleißmarkenbreite B an der Freifläche der Fräserschneide. Diese Abbildung zeigt deutlich, daß der Verschleiß in erster Linie in dem Gebiet auftritt, in welchem der Kopf der Fräserschneide arbeitet.

In Abb. 20 sind die an den einzelnen Fräserschneiden gemessenen Schnittkräfte über dem Arbeitsbereich des Fräsers aufgetragen, und zwar sowohl für das Gegenlauffräsen als auch für das Gleichlauffräsen. Man erkennt auf dieser

Abbildung den Unterschied des Arbeitsbereiches für beide Fräsverfahren. Auch hier ist zu erkennen, daß der Kopf der Fräserschneide beim Verzahnen besonders hoch belastet ist.

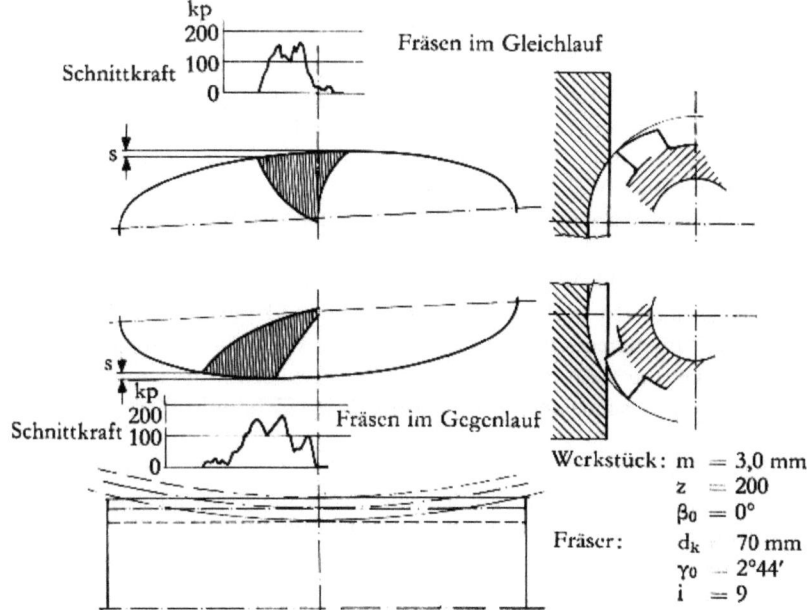

Abb. 20 Arbeitsbereich und Schnittkraft beim Wälzfräsen

3. Spanbildung beim Wälzstoßen

Im Gegensatz zum Wälzfräsen drehen sich beim Wälzstoßen Werkzeug und Werkstück wie ein Getriebe mit parallelen Achsen. Die Schnittbewegung erfolgt in Richtung der Achsen. Die Erzeugung der Zahnflanke erfolgt dadurch nicht punktweise wie beim Wälzfräsen, sondern jeder Hüllschnitt erstreckt sich über die ganze Werkstückbreite. Das Stoßwerkzeug hat die Form eines Stirnrades, dessen Zähne an einer Stirnfläche mit Schneidkanten versehen sind. Während der gemeinsamen Drehbewegung von Werkstück und Werkzeug durchläuft jede Werkzeugschneide den gesamten Arbeitsbereich und verändert dabei ständig ihre Lage zur Maschinenmitte. Im Gegensatz zum Wälzfräsen wird beim Stoßen jede Zahnlücke nur von einer einzigen Werkzeugschneide ausgebildet, die einzelnen Werkzeugschneiden weisen daher beim Zahnradstoßen gleichhohen Verschleiß auf.

Der Arbeitsbereich beim Wälzstoßen erstreckt sich von dem Eindringpunkt des Werkzeuges bis zu dem Punkt, an dem die Evolvente fertig ausgebildet ist. In Abb. 21 ist der Arbeitsbereich schraffiert angelegt. Die auftretenden Spandicken lassen sich aus der Wälzbewegung von Werkzeug und Werkstück ermitteln. Im allgemeinen wird der Wälzvorschub als Zahl der Schneidradhübe je Schneidrad-

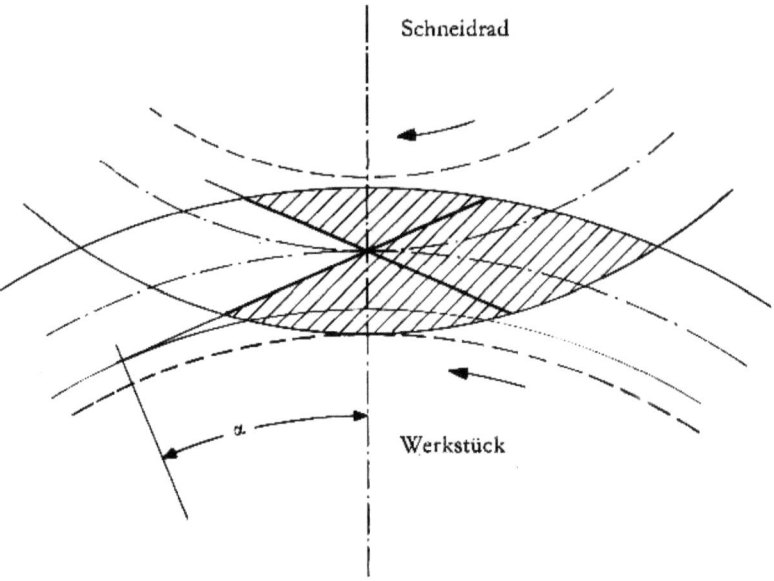

Abb. 21 Arbeitsbereich beim Wälzstoßen

umdrehung angegeben. Bezeichnet man diese Größe mit H, so verdreht sich das Schneidrad zwischen zwei Hüben um den Winkel

$$\Delta \psi = \frac{2\pi}{H} \tag{27}$$

Der Kopf des Schneidradzahnes beschreibt beim Eindringen in das Werkstück relativ zum Werkstück eine Epizykloide. Als Grundkreis wird der Wälzkreis

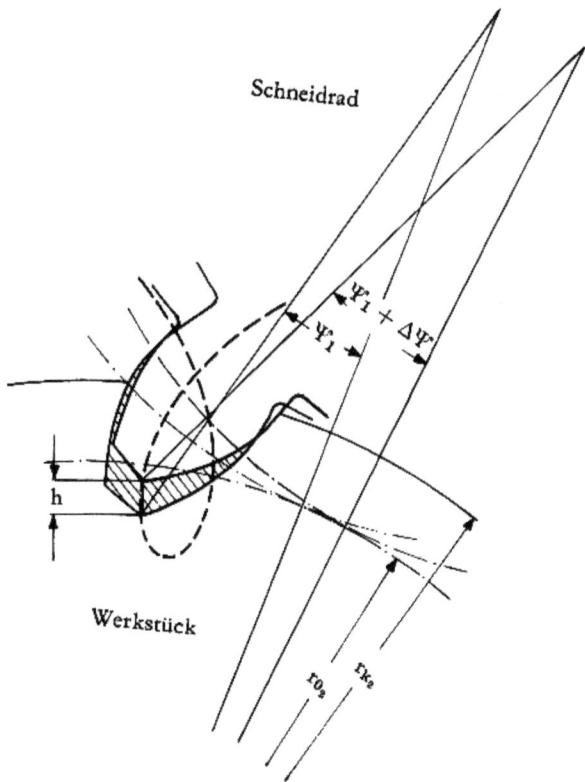

Abb. 22 Spandicke beim Wälzstoßen

des Werkstückes, als Rollkreis der Wälzkreis des Schneidrades der Berechnung zugrunde gelegt. Der Index 1 bezeichnet immer das Werkzeug, der Index 2 das Werkstück.
Nach Abb. 22 lautet die Gleichung für einen Punkt der Zykloide:

$$\begin{aligned} x &= r_2(m \cdot \sin p \cdot \psi - n \cdot \sin m \cdot \psi) \\ y &= r_2(m \cdot \cos p \cdot \psi - n \cdot \cos m \cdot \psi) \end{aligned} \tag{28}$$

Hierin bedeuten:

r_1 = Wälzkreisradius des Schneidrades
r_2 = Wälzkreisradius des Werkstückes
k = Kopfhöhe des Schneidradzahnes

Weiterhin wurden folgende Größen eingeführt:

$$r_1/r_2 = p$$
$$(r_1/r_2) + 1 = m$$
$$\frac{r_1 + k}{r_2} = n$$

Da sich das Schneidrad zwischen zwei Hüben um $\Delta\psi = \psi_2 - \psi_1$ verdreht, ist die Spandicke am Kopf des Schneidradzahnes:

$$h = \sqrt{(x_2 - x_1)^2 + (y_2 - y_1)^2} \tag{29}$$

Daraus folgt die Gleichung für die Spandicke:

$$h^2 = 4 r_2^2 \left[m^2 \cdot \sin^2\left(p \cdot \frac{\Delta\psi}{2}\right) + n^2 \cdot \sin^2\left(m \cdot \frac{\Delta\psi}{2}\right) \right.$$
$$\left. - 2 mn \cdot \cos\psi \cdot \sin\left(p \cdot \frac{\Delta\psi}{2}\right) \cdot \sin\left(m \cdot \frac{\Delta\psi}{2}\right) \right] \tag{30}$$

Hierbei wurden

$$\frac{\psi_1 + \psi_2}{2} = \psi$$

und

$$p - m = -1$$

eingesetzt.

Da der Verdrehwinkel $\Delta\psi$ zwischen zwei Schneidradhüben sehr klein ist, kann

$$\sin \Delta\psi \approx \Delta\psi$$

gesetzt werden.

Für $\Delta\psi$ wird der Ausdruck $\frac{2\pi}{H}$ nach Gl. (27) wieder eingeführt, die Gleichung lautet dann:

$$h = \frac{r_1 + r_2}{r_2} \frac{2\pi}{H} \sqrt{4 r_1 (r_1 + k) \cdot \sin^2\left(\frac{\psi}{2}\right) + k^2} \tag{31}$$

Die Abb. 23 zeigt die Spandicken am Kopf des Schneidradzahnes für handelsübliche Schneidräder mit 100 mm Teilkreisdurchmesser. Die Spandicke wurde für verschiedene Hubzahlen in Abhängigkeit vom Drehwinkel aufgetragen. Man erkennt, daß die größten Spandicken beim Anschneiden des Werkstückes auftreten. Den Einfluß der Kopfhöhe des Schneidradzahnes zeigt Abb. 24 bei einem Drehwinkel von 15°; der Einfluß der Zahnkopfhöhe ist gering.

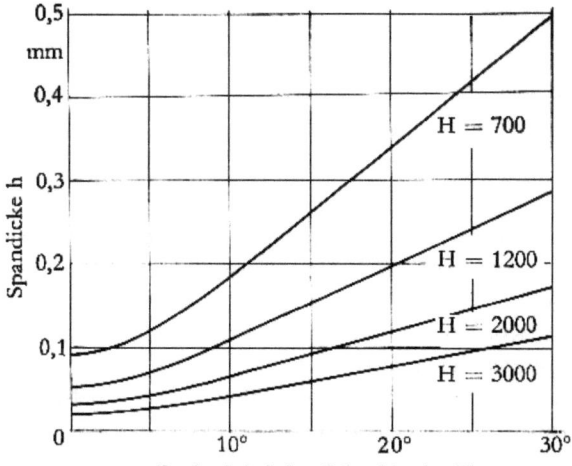

Schneidrad: $d_0 = 100$ mm   Werkstück: $d_0 = 100$ mm
k = 5 mm

Abb. 23   Spandicken beim Wälzstoßen

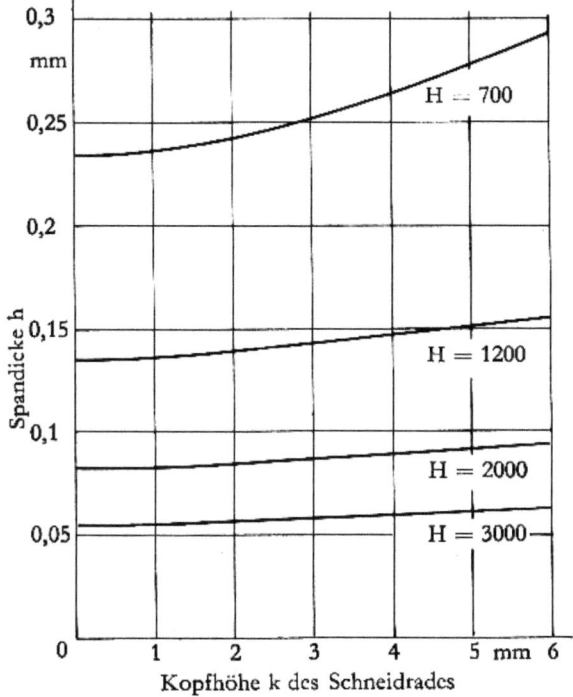

Schneidradstellung: $\Psi = 15°$

Abb. 24   Einfluß der Kopfhöhe des Schneidrades auf die Spandicke

4. Zusammenfassung

In den vorliegenden Untersuchungen wurde die Spandicke bei der Zahnradbearbeitung rechnerisch ermittelt, um Vergleiche zu anderen spangebenden Bearbeitungsverfahren möglich zu machen. In erster Linie wurde hierbei die Spanbildung am Kopf der Werkzeugschneide untersucht, da das Werkzeug an dieser Stelle besonders hoch belastet ist.

Es konnte gezeigt werden, daß die Spanbildung beim Wälzfräsen in erster Linie durch die Kinematik des Wälzvorganges bestimmt und von den geometrischen Abmessungen von Werkzeug und Werkstück beeinflußt wird. Der Einfluß des Axialvorschubes ist dagegen gering und macht sich nur an den ersten arbeitenden Fräserschneiden bemerkbar.

Beim Wälzstoßen wird dagegen bei Verwendung handelsüblicher Schneidräder die Spandicke in erster Linie durch den Wälzvorschub bestimmt, während die Stoßtiefe praktisch vernachlässigbar ist.

Beim Wälzfräsen von Werkstücken mit kleiner Zähnezahl treten sehr große Spandicken auf, welche bis zu 0,5 mm und darüber betragen können. Im Bereich der Maschinenmitte liegen die Spandicken dagegen in der Größenordnung von wenigen Hundertstel Millimetern.

Zur Bestimmung der auftretenden Schnittkräfte und der Einflüsse auf den Werkzeugverschleiß reicht die Angabe der Spandicke noch nicht aus. Hierzu sind noch Angaben über die wirksame Schneidenlänge und über die Schnittwinkel erforderlich. Ebenso fehlen Angaben über die Spandicken an den Flanken der Werkzeugschneide, welche vor allem auf die Schnittkraft von Einfluß sein werden.

Im folgenden soll daher über einige Vorversuche zur Ermittlung des Werkzeugverschleißes und der auftretenden Schnittkräfte beim Wälzfräsen berichtet werden.

a) Verschleißuntersuchungen

Neben den Bedingungen für die Spanbildung haben die Schnittgeschwindigkeit und der Werkstoff erheblichen Einfluß auf den Werkzeugverschleiß. Insbesondere wird im Scherspangebiet und im Übergangsgebiet zwischen Scher- und Fließspanbildung durch Aufbauschneiden die Spanbildung so beeinflußt, daß sie nicht mehr ohne weiteres überschaubar ist. Die Zerspanungsbedingungen beim Wälzfräsen liegen normalerweise innerhalb dieser Bereiche, wie aus der Darstellung in Abb. 25 für einen bestimmten Werkstoff hervorgeht. Die Abb. 26 zeigt Standzeitkurven, die in diesen Gebieten bei Drehversuchen aufgenommen

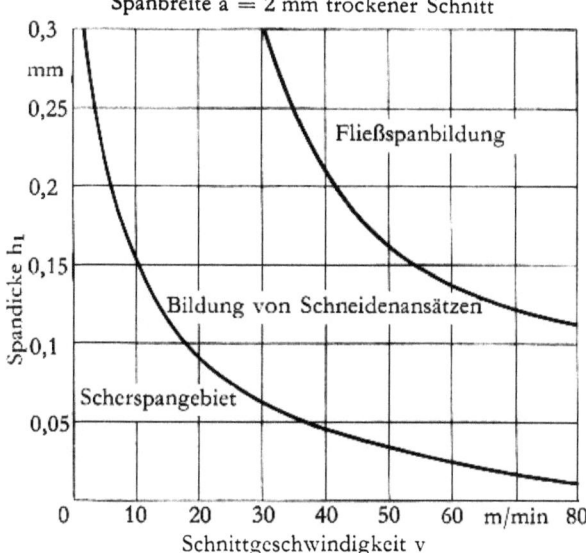

Abb. 25 Arten der Spanbildung (ermittelt bei Drehversuchen)

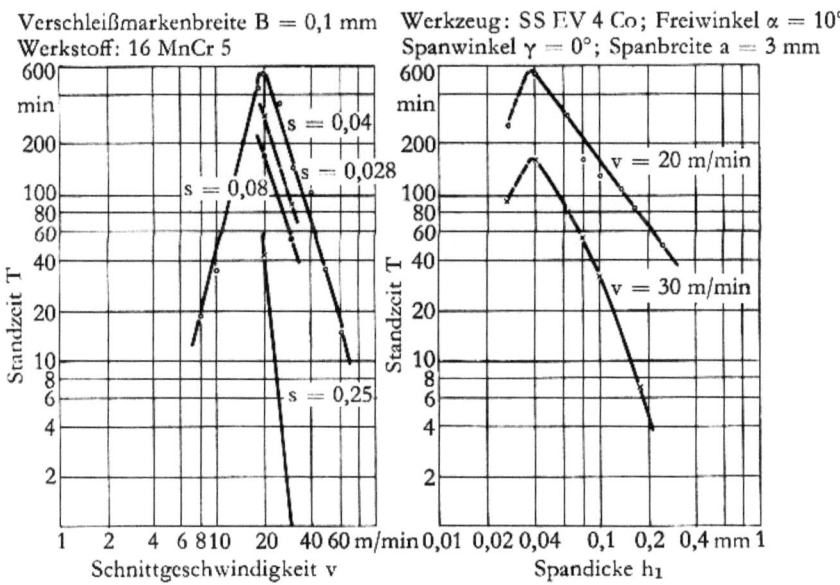

Abb. 26 Standzeit beim Drehen

wurden. Die Kurven zeigen ein ausgeprägtes Maximum für eine Spandicke von 0,04 mm und eine Schnittgeschwindigkeit von 20 m/min. Dieses Standzeitoptimum läßt sich weder durch Senken der Schnittgeschwindigkeit noch durch Verringern der Spandicke überschreiten. Die Lage des Standzeitoptimums ist bestimmt durch den Werkstoff und durch die Schneidengeometrie.

Der Einfluß der Schnittgeschwindigkeit auf den Werkzeugverschleiß wurde beim Gegenlauffräsen an Werkstücken aus Ck 60 mit ca. 75 kg/mm^2 Zugfestigkeit untersucht. Die Räder werden in einem Schnitt verzahnt, die Radabmessungen sind in Abb. 19 angegeben. Als Fräser wurde ein Vollstahl-Wälzfräser nach DIN 858 verwendet.

Der Freiflächenverschleiß des Fräsers wurde nach jedem Werkstück gemessen und getrennt für beide Flanken und für den Kopf der Fräserschneide aufgetragen. Zur Messung wurde der Fräser zusammen mit dem Fräserdorn aus der Maschine herausgenommen, um den Einfluß unterschiedlicher Fräsereinspannung zu eliminieren.

Die Messung wurde mit einer Meßlupe mit Beleuchtungseinrichtung durchgeführt. Die Ablesegenauigkeit betrug 0,05 mm. Die Versuche wurden bis zu einer maximalen Verschleißmarkenbreite zwischen 0,5 und 0,6 mm durchgeführt. Die Verschleißverteilung auf den einzelnen Fräserschneiden war in Abb. 19 gezeigt. Den größten Verschleiß zeigt diejenige Fräserschneide, welche die größte Spanlänge und eine größte Spandicke von 0,03 mm aufweist. Diese Verschleißverteilung ändert sich nicht bei Veränderung der Schnittgeschwindigkeit.

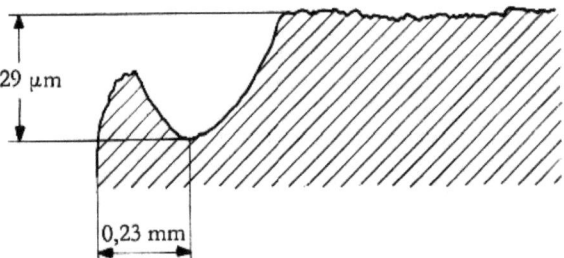

Abb. 27 Kolkverschleiß an der Fräserschneide

Die Verschleißkurven zeigen für v = 70 m/min und v = 50 m/min einen steilen, fast geradlinigen Verlauf. Im Gebiet der größten Verschleißmarkenbreite zeigten sich am Kopf der Fräserschneide und besonders an den Ecken starke Kolkbildungen (Abb. 27 und 28), die bei v = 70 m/min bereits beim zweiten Werkstück ausbrachen und damit zu einer Verschleißmarkenbreite von etwa 3 mm führten.

Abb. 28 Eckenausbrüche an der Fräserschneide (v = 70 m/min)

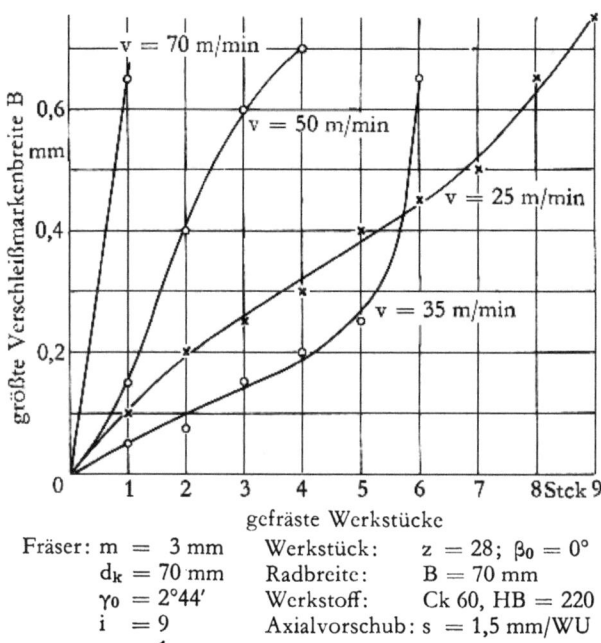

Fräser: m = 3 mm   Werkstück: z = 28; $\beta_0 = 0°$
        d_k = 70 mm Radbreite: B = 70 mm
        γ_0 = 2°44′ Werkstoff: Ck 60, HB = 220
        i = 9   Axialvorschub: s = 1,5 mm/WU
        g = 1

Abb. 29 Freiflächenverschleiß beim Wälzfräsen

Für v = 35 m/min und für v = 25 m/min zeigen die Kurven einen wesentlich flacheren Anstieg, bei v = 35 m/min liegt die Verschleißmarkenbreite hierbei zunächst niedriger als bei v = 25 m/min, um erst nach einer gewissen Zeit plötzlich steil anzusteigen.

In Abb. 30 ist die Zahl der gefrästen Werkstücke über der Schnittgeschwindigkeit aufgetragen. Als Parameter wurde eine bestimmte Verschleißmarkenbreite gewählt. Man erkennt deutlich, daß für eine normale zulässige Verschleißmarkenbreite von etwa 0,3 mm ein ausgeprägtes Standzeitoptimum bei v = 35 m/min vorliegt.

Diese Zusammenhänge sollen weiter untersucht werden, wobei vor allem der Einfluß der Spandicke und der Werkstoffeinfluß berücksichtigt werden müssen.

b) Schnittkraftuntersuchungen

Wie bereits in Abb. 20 gezeigt wurde, treten die größten Schnittkräfte in dem Bereich auf, in welchem der Kopf der Fräserschneide arbeitet und in welchem damit auch die größten Spandicken auftreten.

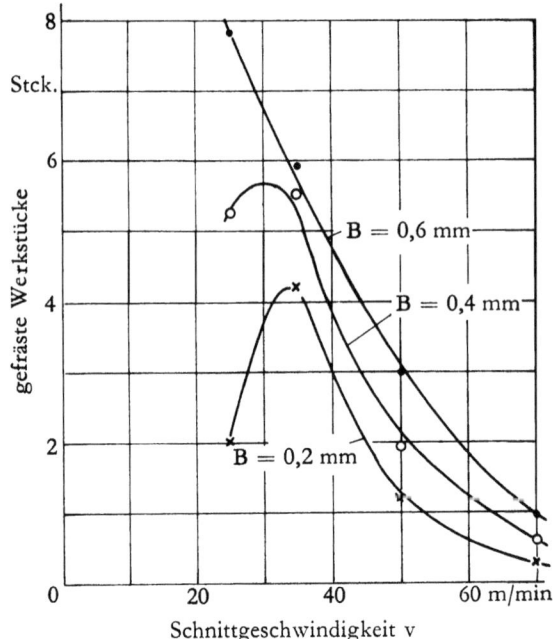

Fräser: m = 3 mm   Werkstück: z = 28; $\beta_0 = 0°$
        d_k = 70 mm   Radbreite: B = 70 mm
        γ_0 = 2°44′ Werkstoff: Ck 60, HB = 220
        i = 9   Axialvorschub: s = 1,5 mm/WU
        g = 1

Abb. 30 Zahl der gefrästen Werkstücke in Abhängigkeit von der Schnittgeschwindigkeit (nach Abb. 29)

Um die Schnittkräfte an jeder einzelnen Fräserschneide exakt erfassen zu können, wurde mit einem normalen Wälzfräser nur eine einzige Zahnlücke in das Werkstück gefräst. Dadurch gelangen alle Fräserschneiden einzeln nacheinander zum Schnitt, die auftretenden Schnittkräfte konnten mit einem Dreikomponenten-Schnittkraftmesser, in welchem das Werkstück eingespannt war, ermittelt werden. Die Abb. 31 zeigt die Anordnung der Meßvorrichtung. Diese Vorrichtung wurde auf dem Maschinentisch so ausgerichtet, daß sie einem Geradstirnrad mit 200 Zähnen bei einem Modul m = 3,0 mm entsprach.

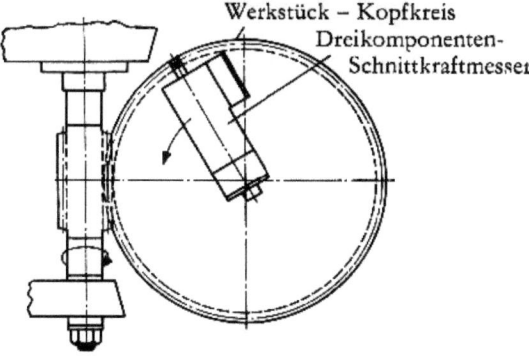

Abb. 31   Schnittkraftmessung beim Wälzfräsen

Zur Messung wurden die Zahnlücken zunächst so weit vorgefräst, bis der Fräser voll im Schnitt war.
Die Abb. 32 zeigt ein aufgenommenes Schnittkraftdiagramm. Die Größe der Hauptschnittkraft liegt bei der gewählten Anordnung zwischen 100 und 200 kp an jeder Fräserschneide. Die periodisch wiederkehrenden Schnittkraftschwankungen sind durch einen Rundlauffehler des Fräsers bedingt und stehen daher nicht mit dem charakteristischen Schnittkraftverlauf im Zusammenhang.
Die Abb. 33 zeigt den Einfluß der Schnittgeschwindigkeit auf die Schnittkraft. Man erkennt, daß dieser Einfluß in dem gewählten Geschwindigkeitsbereich zwischen v = 15 m/min und v = 60 m/min praktisch vernachlässigbar ist.
Bei Vergrößerung des Axialvorschubes steigt dagegen die Schnittkraft stark an, vor allem an den ersten zum Eingriff gelangenden Fräserschneiden, welche auch die größten Spandicken aufweisen. Man erkennt auch deutlich, daß der Arbeits-

bereich und damit die Anzahl der arbeitenden Fräserschneiden bei Vergrößerung des Vorschubes vergrößert werden (Abb. 34).

Besonders auffallend ist der Unterschied der Rückkräfte, also derjenigen Kraftkomponente, welche radial auf das Werkstück gerichtet ist, beim Gleich- und

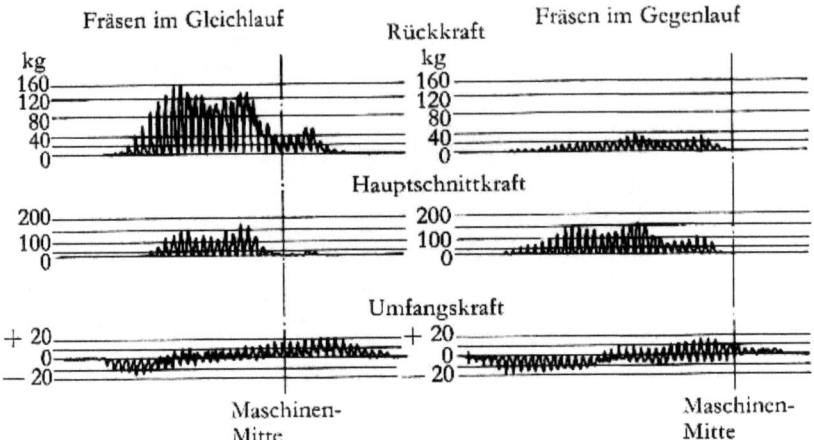

Fräserdaten: $z_1 = 1$; $m_n = 3{,}0$ mm; Spannutenzahl: $i = 9$; $d_k = 70$ mm
Raddaten: $z_2 = 200$; $m_n = 3{,}0$ mm; $\beta_0 = 0°$; $d_k = 606$ mm

Abb. 32 Schnittkräfte beim Wälzfräsen

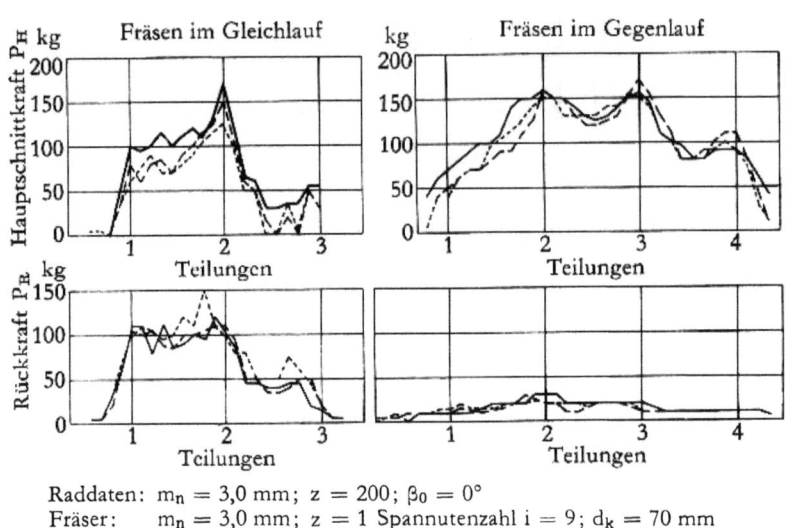

Raddaten: $m_n = 3{,}0$ mm; $z = 200$; $\beta_0 = 0°$
Fräser: $m_n = 3{,}0$ mm; $z = 1$ Spannutenzahl $i = 9$; $d_k = 70$ mm
Axialvorschub; $s = 2$ mm/WU
Schnittgeschwindigkeit: —— $v = 15$ m/min
— — $v = 30$ m/min
---- $v = 60$ m/min

Abb. 33 Einfluß der Schnittgeschwindigkeit auf die Schnittkraft

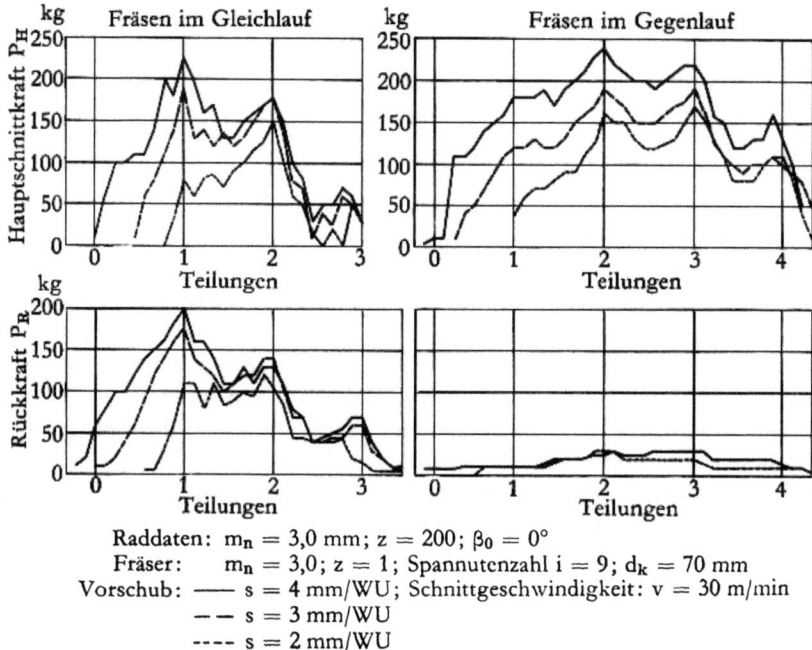

Raddaten: $m_n = 3{,}0$ mm; $z = 200$; $\beta_0 = 0°$
Fräser: $m_n = 3{,}0$; $z = 1$; Spannutenzahl $i = 9$; $d_k = 70$ mm
Vorschub: ——— $s = 4$ mm/WU; Schnittgeschwindigkeit: $v = 30$ m/min
– – $s = 3$ mm/WU
---- $s = 2$ mm/WU

Abb. 34 Einfluß des Axialvorschubes auf die Schnittkraft

beim Gegenlauffräsen; die Rückkraft ist beim Gleichlauffräsen wesentlich größer als beim Fräsen im Gegenlauf. Die größten Spandicken liegen in beiden Fällen am Anfang des Arbeitsbereiches zwischen 0,1 und 0,15 mm. Das Quetschen beim Gegenlauffräsen, wenn der Schneidvorgang mit der Spandicke »Null« beginnt, ist also offensichtlich beim Wälzfräsen nicht in dem Maße vorhanden wie bei anderen Fräsverfahren.

Dieses Ergebnis deckt sich auch mit Erfahrungen aus der Praxis, nach denen dünnwandige Werkstücke nicht im Gleichlaufverfahren verzahnt werden können, da die Werkstücke durch die großen Rückkräfte verformt werden.

5. Schlußbemerkungen

Die vorliegenden Untersuchungen zeigen, daß die Spanbildung bei den Zahnradbearbeitungsverfahren in sehr starkem Maße von den geometrischen Abmessungen von Werkzeug und Werkstück abhängt. Insbesondere treten beim Wälzfräsen kleiner Werkstückdurchmesser sehr große Spandicken am Kopf der Fräserschneide auf. Die größten Spandicken treten an der ersten arbeitenden Fräserschneide auf, deren Lage vom gewählten Axialvorschub des Fräsers abhängt. Während eine Veränderung des Axialvorschubes die Spandicke an einer bestimmten Fräserschneide praktisch nicht beeinflußt, kann diese durch den Einsatz eines Wälzfräsers mit größerer Spannutenzahl (kleinerem ε) sehr stark verändert werden.

Mit Hilfe von Schnittkraft- und Verschleißmessungen an den einzelnen Fräserschneiden konnte nachgewiesen werden, daß die Zerspanungsarbeit vor allem von denjenigen Fräserschneiden geleistet wird, welche mit dem Schneidenkopf in das Werkstückmaterial eindringen. Durch diese Untersuchungen ist es möglich, diejenigen Arbeitspunkte des Verzahnwerkzeuges zu ermitteln, an denen die größten Schnittkräfte und der größte Werkzeugverschleiß auftreten.

Prof. Dr.-Ing. Dr. h. c. HERWART OPITZ

Dipl.-Ing. THÄMER

FORSCHUNGSBERICHTE
DES LANDES NORDRHEIN-WESTFALEN

Herausgegeben im Auftrage des Ministerpräsidenten Dr. Franz Meyers
von Staatssekretär Prof. Dr. h. c. Dr.-Ing. E. h. Leo Brandt

MASCHINENBAU

HEFT 45
Losenhausenwerk Düsseldorfer Maschinenbau AG, Düsseldorf
Untersuchungen von störenden Einflüssen auf die Lastgrenzenanzeige von Dauerschwingprüfmaschinen
1953, 36 Seiten, 11 Abb., 3 Tabellen, DM 7,25

HEFT 77
Meteor Apparatebau Paul Schmeck GmbH, Siegen
Entwicklung von Leuchtstoffröhren hoher Leistung
1954, 46 Seiten, 12 Abb., 2 Tabellen, DM 9,15

HEFT 100
Prof. Dr.-Ing. H. Opitz, Aachen
Untersuchungen von elektrischen Antrieben, Steuerungen und Regelungen an Werkzeugmaschinen
1955, 166 Seiten, 71 Abb., 3 Tabellen, DM 31,30

HEFT 136
Dipl.-Phys. P. Pilz, Remscheid
Über spezielle Probleme der Zerkleinerungstechnik von Weichstoffen
1955, 58 Seiten, 19 Abb., 2 Tabellen, DM 11,50

HEFT 147
Dr.-Ing. W. Rudisch, Unna
Untersuchung einer drehelastischen Elektromagnet-Synchronkupplung
1955, 82 Seiten, 65 Abb., DM 17,70

HEFT 183
Dr. W. Bornheim, Köln
Entwicklungsarbeiten an Flaschen- und Ampullen-Behandlungsmaschinen für die pharmazeutische Industrie
1956, 48 Seiten, 24 Abb., DM 11,70

HEFT 212
Dipl.-Ing. H. Spodig, Selm
Untersuchung zur Anwendung der Dauermagnete in der Technik
1955, 44 Seiten, 25 Abb., DM 9,80

HEFT 295
Prof. Dr.-Ing. H. Opitz und Dipl.-Ing. H. Axer, Aachen
Untersuchung und Weiterentwicklung neuartiger elektrischer Bearbeitungsverfahren
1956, 42 Seiten, 27 Abb., DM 10,30

HEFT 298
Prof. Dr.-Ing. E. Oehler, Aachen
Untersuchung von kritischen Drehzahlen, die durch Kreiselmomente verursacht werden
1956, 50 Seiten, 35 Abb., DM 13,15

HEFT 384
Prof. Dr.-Ing. H. Opitz, Aachen
Schwingungsuntersuchungen an Werkzeugmaschinen
1958, 66 Seiten, 73 Abb., DM 20,40

HEFT 412
Prof. Dr.-Ing. H. Opitz, Aachen
Kennwerte und Leistungsbedarf für Werkzeugmaschinengetriebe
1958, 72 Seiten, 35 Abb., DM 17,20

HEFT 506
Prof. Dr.-Ing. W. Meyer zur Capellen, Aachen
Der Flächeninhalt von Koppelkurven. Ein Beitrag zu ihrem Formenwandel
1958, 74 Seiten, 26 Abb., DM 21,50

HEFT 533
Prof. Dr.-Ing. H. Opitz und Dipl.-Ing. W. Hölken, Aachen
Untersuchung von Ratterschwingungen an Drehbänken
1958, 70 Seiten, 44 Abb., 2 Tabellen, DM 19,70

HEFT 606
Oberbaurat Prof. Dr.-Ing. W. Meyer zur Capellen, Aachen
Eine Getriebegruppe mit stationärem Geschwindigkeitsverlauf
1958, 34 Seiten, 21 Abb., DM 10,50

HEFT 631
Dr. E. Wedekind, Krefeld
Der Einfluß der Automatisierung auf die Struktur der Maschinen- und Arbeiterzeiten am mehrstelligen Arbeitsplatz in der Textilindustrie
1958, 72 Seiten, 32 Abb., 8 Tabellen, DM 21,10

HEFT 667
Prof. Dr.-Ing. H. Opitz und Dipl.-Ing. H. de Jong, Aachen
Schwingungs- und Geräuschuntersuchungen an ortsfesten Getrieben
1959, 32 Seiten, 28 Abb., 2 Tabellen, DM 10,30

HEFT 668
Prof. Dr.-Ing. H. Opitz, Dipl.-Ing. G. Ostermann und Dipl.-Ing. M. Gappisch, Aachen
Beobachtungen über den Verschleiß an Hartmetallwerkzeugen
1958, 38 Seiten, 26 Abb., DM 12,—

HEFT 669
Prof. Dr.-Ing. H. Opitz, Dipl.-Ing. H. Uhrmeister und Dipl.-Ing. K. Jüstel, Aachen
Aufbau und Wirkungsweise einer Magnetbandsteuerung
1958, 50 Seiten, 39 Abb., DM 15,—

HEFT 670
Prof. Dr.-Ing. H. Opitz und Dipl.-Ing. W. Backé, Aachen
Untersuchung von Kopiersteuerungen
1959, 70 Seiten, 54 Abb., DM 18,80

HEFT 671
Prof. Dr.-Ing. H. Opitz, Dr.-Ing. R. Piekenbrink und Dipl.-Ing. K. Honrath, Aachen
Untersuchungen an Werkzeugmaschinenelementen
1959, 70 Seiten, 71 Abb., DM 20,—

HEFT 672
Prof. Dr.-Ing. H. Opitz, Dipl.-Ing. H. Heiermann und Dipl.-Ing. B. Rupprecht, Aachen
Untersuchungen beim Innenrundschleifen
1959, 34 Seiten, 50 Abb., DM 11,50

HEFT 673
Prof. Dr.-Ing. H. Opitz, Dipl.-Ing. H. Obrig und Dipl.-Ing. K. Ganser, Aachen
Die Bearbeitung von Werkzeugstoffen durch funkenerosives Senken
1959, 60 Seiten, 41 Abb., 1 Tabelle, DM 18,—

HEFT 676
Prof. Dr.-Ing. W. Meyer zur Capellen, Aachen
Harmonische Analyse bei Kurbeltrieben.
I. Allgemeine Zusammenhänge
1959, 38 Seiten, 10 Abb., DM 11,50

HEFT 695
Dr.-Ing. W. Herding, München
Die Fahrdynamik und das Arbeitsspiel gleisloser Erdbaugeräte als Kalkulationsgrundlage für die Bodenförderung und ihre Kosten
1960, 178 Seiten, 89 Abb., 18 Tabellen, DM 49,—

HEFT 718
Prof. Dr.-Ing. W. Meyer zur Capellen, Aachen
Die geschränkte Kurbelschleife
I. Die Bewegungsverhältnisse
1959, 110 Seiten, 54 Abb., DM 29,20

HEFT 764
Prof. Dr.-Ing. H. Opitz, Dr.-Ing. H. Siebel und Dipl.-Ing. R. Fleck, Aachen
Keramische Schneidstoffe
1959, 30 Seiten, 18 Abb., DM 9,80

HEFT 772
Prof. Dr.-Ing. W. Meyer zur Capellen, Aachen
Nomogramme zur geneigten Sinuslinie
1959, 28 Seiten, 11 Abb., DM 8,50

HEFT 775
Prof. Dr.-Ing. H. Opitz, Aachen
Automatische Erfassung der Maßabweichung der Werkstücke zum Zweck der selbständigen Korrektur der Maschine
1959, 38 Seiten, 27 Abb., DM 11,40

HEFT 777
Prof. Dr.-Ing. H. Opitz und Dipl.-Ing. P.-H. Brammertz, Aachen
Werkstückgüte und Fertigkeitskosten beim Innen-Feindrehen und Außenrund-Einsteckschleifen
1959, 92 Seiten, 68 Abb., DM 25,30

HEFT 788
Prof. Dr.-Ing. H. Opitz, Aachen
Der Einsatz radioaktiver Isotope bei Zerspanungsuntersuchungen
1959, 36 Seiten, 23 Abb., DM 11,30

HEFT 794
Dipl.-Ing. Reinhard Wilken, Düsseldorf
Das Biegen von Innenborden mit Stempeln
1959, 82 Seiten, DM 22,40

HEFT 801
Baurat Dipl.-Ing. Gesell, Duisburg
Ersatz von Quarzsand als Strahlmittel
1960, 66 Seiten, 12 Abb., 4 Tabellen, 17 Diagramme, DM 18,90

HEFT 803
Prof. Dr.-Ing. W. Meyer zur Capellen und Dipl.-Ing. E. Lenk, Aachen
Harmonische Analyse bei Kurbeltrieben. Teil II: Gleichschenklige Getriebe
1960, 69 Seiten, 15 Abb., DM 18,40

HEFT 804
Prof. Dr.-Ing. W. Meyer zur Capellen und Dipl.-Ing. W. Rath, Aachen
Die geschränkte Kurbelschleife. Teil II: Die Harmonische Analyse
1960, 66 Seiten, 14 Abb., DM 18,90

HEFT 806
Prof. Dr.-Ing. H. Opitz u. a., Aachen
Untersuchungen von Zahnradgetrieben und Zahnradbearbeitungsmaschinen
1960, 95 Seiten, 81 Abb., DM 29,30

HEFT 809
Prof. Dr.-Ing. H. Opitz und Dipl.-Ing. H. H. Herold, Aachen
Untersuchung von elektro-mechanischen Schaltelementen
1960, 35 Seiten, 16 Abb., DM 11,—

HEFT 810
Prof. Dr.-Ing. H. Opitz und Dr.-Ing. N. Maas, Aachen
Das dynamische Verhalten von Lastschaltgetrieben
1960, 97 Seiten, 77 Abb., DM 29,50

HEFT 811
Prof. Dr.-Ing. H. Opitz und Dipl.-Ing. H. Bürklin, Aachen, Fa. Schoppe & Faeser, Minden, bearbeitet im Auftrage des Forschungsinstitutes für Rationalisierung in Aachen
Über Weggeber für automatisch gesteuerte Arbeitsmaschinen
1960, 93 Seiten, 79 Abb., DM 27,70

HEFT 820
Prof. Dr.-Ing. H. Opitz, Dipl.-Ing. H. Rohde und Dipl.-Ing. W. König, Aachen
Untersuchungen der Spanformung durch Spanbrecher beim Drehen mit Hartmetallwerkzeugen
1960, 35 Seiten, 16 Abb., DM 15,80

HEFT 830
Prof. Dr.-Ing. H. Opitz und Dipl.-Ing. W. Backé, Aachen
Automatisierung des Arbeitsablaufes in der spanabhebenden Fertigung
1960, 43 Seiten, 39 Abb., DM 14,60

HEFT 831
Prof. Dr.-Ing. H. Opitz, Dr.-Ing. H.-G. Rohs und Dr.-Ing. G. Stute, Aachen
Statistische Untersuchungen über die Ausnutzung von Werkzeugmaschinen in der Einzel- und Massenfertigung
1960, 38 Seiten, 32 Abb., DM 13,—

HEFT 835
Prof. Dr.-Ing. Walther Meyer zur Capellen, Lehrstuhl für Getriebelehre an der Technischen Hochschule, Aachen
Die harmonische Analyse von zykloidengesteuerten Schleifen
1961, 58 Seiten, DM 20,90

HEFT 864
Prof. Dr.-Ing. H. Opitz, Aachen
Funkenarbeit und Bearbeitungsergebnis bei der funkenerosiven Bearbeitung
1960, 44 Seiten, 19 Abb., DM 13,10

HEFT 873
Prof. Dr.-Ing. W. Meyer zur Capellen und Dipl.-Ing. W. Rath, Aachen
Kinematik der sphärischen Schubkurbel
1960, 38 Seiten, 13 Abb., DM 11,20

HEFT 887
Baurat Dipl.-Ing. W. Gesell, Duisburg
Arbeiten mit Preß-Formmaschinen unter Normal-Bedingungen und bei hohen spezifischen Preßdrucken
1960, 140 Seiten, 108 Abb., 11 Tabellen, DM 42,—

HEFT 898
Prof. Dr.-Ing. H. Opitz und H. de Jong, Aachen
Untersuchung von Zahnradgetrieben und Zahnradbearbeitungsmaschinen in Zusammenarbeit mit der Industrie
1960, 58 Seiten, 52 Abb., DM 19,20

HEFT 900
Prof. Dr.-Ing. H. Opitz und Dr.-Ing. J. Bielefeld, Aachen
Modellversuche an Werkzeugmaschinenelementen
1960, 74 Seiten, 55 Abb., DM 21,—

HEFT 901
Prof. Dr.-Ing. H. Opitz, Dr.-Ing. J. Bielefeld und Dipl.-Ing. W. Kalkert, Aachen
Lebensdauerprüfung von Zahnradgetrieben
1960, 54 Seiten, 46 Abb., DM 17,30

HEFT 908
Dr.-Ing. W. Dettmering, Institut für Turbomaschinen der Technischen Hochschule Aachen
Experimentelle Untersuchungen an einer axialen Turbinenstufe
1960, 180 Seiten, 116 Abb., 16 Tabellen, DM 50,80

HEFT 914
Baurat Dipl.-Ing. Waldemar Gesell, Staatl. Ingenieurschule für Maschinenwesen, Duisburg
Zu Fragen der Strahlmittelprüfung
1961, 188 Seiten, 78 Abb., DM 49,—

HEFT 923
Prof. Dr.-Ing. W. Meyer zur Capellen und Dipl.-Ing. Karl-Albert Rischen, Lehrstuhl für Getriebelehre der Technischen Hochschule Aachen
Lagenzuordnungen an ebenen Viergelenkgetrieben in analytischer Darstellung. Eine Maßsynthese
1961, 84 Seiten, 29 Abb., DM 23,20

HEFT 928
Prof. Dr.-Ing. Herwart Opitz, Dipl.-Ing. Helmut Rohde und Dipl.-Ing. Wilfried König, Laboratorium für Werkzeugmaschinen und Betriebslehre an der Technischen Hochschule Aachen
Untersuchung des Räumvorganges
1961, 116 Seiten, 90 Abb., DM 36,10

HEFT 929
Prof. Dr.-Ing. Herwart Opitz, Laboratorium für Werkzeugmaschinen und Betriebslehre an der Technischen Hochschule Aachen
Richtwerte für das Fräsen von unlegierten und legierten Baustählen mit Hartmetall. — Teil III
1961, 64 Seiten, 57 Abb., 7 Tabellen, DM 21,30

HEFT 930
Prof. Dr.-Ing. Herwart Opitz und Dipl.-Ing. Rolf Umbach, Laboratorium für Werkzeugmaschinen und Betriebslehre an der Technischen Hochschule Aachen
Modellversuch zur dynamischen Versteifung von Werkzeugmaschinen durch Ankopplung gedämpfter Hilfsmassensysteme
1961, 18 Seiten, 30 Abb., DM 13,30

HEFT 931
Dipl.-Ing. H. G. Rachner, Institut für Maschinengestaltung und Maschinendynamik der Technischen Hochschule Aachen
Ein Beitrag zur Frage der Kettenradverzahnung
1961, 64 Seiten, 55 Abb., 2 Tabellen, DM 19,30

HEFT 943
Dipl.-Ing. H. G. Rachner, Institut für Maschinengestaltung und Maschinendynamik der Technischen Hochschule Aachen
Die Drehschwingungen des Zweirad-Kettengetriebes bei innerer Erregung
1961, 98 Seiten, 68 Abb., DM 30,—

HEFT 949
Prof. Dr.-Ing. K. Leist †, Dipl.-Ing. Dieter Stojek und Dipl.-Ing. Manfred Pötke, Institut für Turbomaschinen der Technischen Hochschule Aachen
Verbesserung der Wirtschaftlichkeit von Gasturbinen durch Zwischenverbrennung innerhalb der Turbine und Versuche zu ihrer Verwirklichung
1961, 80 Seiten, 40 Abb., DM 30,10

HEFT 950
Prof. Dr.-Ing. K. Leist † und Dipl.-Ing. Oswald Thun, Institut für Turbomaschinen der Technischen Hochschule Aachen
Strömungsmessungen zur Ermittlung von Brennkammer-Ausbrenngraden
1961, 66 Seiten, 33 Abb., 6 Tabellen DM 19,90

HEFT 951
Prof. Dr.-Ing. K. Leist † und Dipl.-Ing. Oswald Thun, Institut für Turbomaschinen der Technischen Hochschule Aachen
Meßmethode bei Brennkammeruntersuchungen zur Ermittlung des Ausbrenngrades
1961, 64 Seiten, 10 Abb., 2 Tabellen, DM 19,20

HEFT 953
Prof. Dr.-Ing. K. Leist † und Dipl.-Ing. Heinrich Ostenrath, Institut für Turbomaschinen der Technischen Hochschule Aachen
Betriebsverhalten einer Versuchsgasturbine kleiner Leistung
1961, 44 Seiten, 35 Abb., 2 Anlagen, DM 15,30

HEFT 955
Prof. Dr.-Ing. H. Opitz und Dipl.-Ing. H. Uhrmeister, Laboratorium für Werkzeugmaschinen und Betriebslehre der Technischen Hochschule Aachen
Die dynamischen Eigenschaften hydraulischer Vorschubmotoren für Werkzeugmaschinen
1961, 60 Seiten, 66 Abb., DM 20,—

HEFT 977
Dr.-Ing. Gottfried Kronenberger, Institut für Baumaschinen und Baubetrieb der Technischen Hochschule Aachen
Verdichtungswirkung und Arbeitsverhalten eines Einmassenrüttlers auf Schotter und Kiessand zur Ermittlung der maßgeblichen Einflußgrößen bei der Rüttelverdichtung
1961, 96 Seiten, 17 Tafeln, 7 Tab., 36 Abb., DM 27,70

HEFT 981
Dr.-Ing. Werner Wilhelm, Aerodynamisches Institut der Technischen Hochschule Aachen
Berechnung des Gaswechsels kurbelkastengespülter Zweitaktmotoren unter Berücksichtigung des Einflusses der Massenwirkung der strömenden Gassäule in den Spülkanälen
1961, 58 Seiten, 6 Abb., DM 19,20

HEFT 982
Dr.-Ing. Werner Wilhelm, Aerodynamisches Institut der Technischen Hochschule Aachen
Die Wirkung von Auspuffrohren mit Blenden am Rohrende sowie diffusorartiger Auspuffleistungen auf den Ladungswechsel einer Einzylinder-Zweitakt-Vergasermaschine mit Kurbelkastenspülpumpe
1961, 61 S., 24 Abb., 1 Tabelle, DM 19,10

HEFT 983
Prof. Dr.-Ing. Paul Hadlatsch †, Aerodynamisches Institut der Technischen Hochschule Aachen
Berechnung der Druckwellen in Brennstoffeinspritzsystemen und in hydraulischen Ventilsteuerungen
1961, 108 S., 31 Abb., DM 33,90

HEFT 986
Dr.-Ing. Jameel Ahmad Khan, Aerodynamisches Institut der Technischen Hochschule Aachen
Untersuchungen zur instationären Strömung durch unstetige Querschnittsänderungen in Druckleitungen von Einspritzsystemen
1961, 76 Seiten, DM 28,60

HEFT 987
Dr.-Ing. Wilhelm Bosch, Aerodynamisches Institut der Technischen Hochschule Aachen
Untersuchungen zur instationären reibenden Strömung in Druckleitungen von Einspritzsystemen
1961, 56 S., 37 Abb., DM 20,—

HEFT 988
Dr.-Ing. Werner Wilhelm und Dipl.-Ing. Rudolf Jürgler, Aerodynamisches Institut der Technischen Hochschule Aachen
Nichtstationäre, eindimensionale und reibungsfreie Gasströmung schwach kompressibler Medien in Rohren mit einigen unstetigen Querschnittsänderungen
1961, 70 Seiten, 17 Abb., DM 21,50

HEFT 989
Dr.-Ing. Werner Wilhelm, Aerodynamisches Institut der Technischen Hochschule Aachen
Einfluß der Spülkanalabmessungen auf den Ladungswechsel kurbelkastengespülter Zweitaktmotoren
1961, 99 S., 37 Abb., DM 35,30

HEFT 1006
Prof. Dr.-Ing. Walter Meyer zur Capellen u. a., Lehrstuhl für Getriebelehre der Rhein.-Westf. Technischen Hochschule Aachen
Bewegungsverhältnisse an gleichschenkligen Kurbeltrieben
In Vorbereitung

HEFT 1007
Prof. Dr.-Ing. H. Opitz, Dr.-Ing. Gottfried Stute, Laboratorium für Werkzeugmaschinen und Betriebslehre der Technischen Hochschule Aachen
Untersuchung über den Einsatz der funkenerosiven Bearbeitung im Werkzeugbau
1961, 44 Seiten, 9 Abb., DM 14,80

HEFT 1008
Prof. Dr.-Ing. H. Opitz, Dr.-Ing. P.-H. Brammertz, Laboratorium für Werkzeugmaschinen und Betriebslehre der Technischen Hochschule Aachen
Untersuchung der Ursachen für Form- und Maßfehler bei der Feinbearbeitung
1961, 44 Seiten, 32 Abb., DM 15,20

HEFT 1011
Prof. Dr.-Ing. H. Opitz, Dr.-Ing. Günter Ostermann, Laboratorium für Werkzeugmaschinen und Betriebslehre der Technischen Hochschule Aachen
Untersuchung der Ursache des Werkzeugverschleißes
1961, 64 Seiten, 37 Abb., 2 Tabellen, DM 23,90

HEFT 1035
Dr.-Ing. Walter Rath, Lehrstuhl für Getriebelehre an der Technischen Hochschule Aachen
Massenkräfte in den Lagern sphärischer Getriebe
1961, 82 Seiten, DM 27,30

HEFT 1062
Dr.-Ing. H. Pfeiffer, Aerodynamisches Institut der Technischen Hochschule Aachen
Strömungsuntersuchungen an Kreiszylindern bei hohen Geschwindigkeiten
1962, 74 Seiten, DM 26,—

HEFT 1065
Baurat Dipl.-Ing. W. Gesell, Staatl. Ingenieurschule f. Maschinenwesen, Duisburg
Beitrag über den Einfluß von Kornform und Körnung auf die Wirkungsweise von Strahlenmitteln
In Vorbereitung

HEFT 1066
Prof. Dr.-Ing. W. Meyer zur Capellen, Dipl.-Ing. K. A. Rischen, Lehrstuhl für Getriebelehre der Rhein.-Westf. Techn. Hochschule Aachen
Symmetrische Koppelkurven und ihre Anwendung
1962, 90 Seiten, DM 29,—

HEFT 1070
Prof. Dr.-Ing. H. Opitz, Dipl.-Ing. H. Herold, Laboratorium für Werkzeugmaschinen und Betriebslehre der Rhein.-Westf. Techn. Hochschule Aachen
Elektromechanische Kopiersteuerungen
1962, 102 Seiten, DM 33,90

HEFT 1080
Prof. Dr.-Ing. Ludolf Engel, Institut für Maschinenwesen und Elektrotechnik der Bergakademie Clausthal
Theorie der handgeführten schlagenden Druckluftwerkzeuge und experimentelle Untersuchungen insbesondere an Abbauhämmern im normalen und abnormalen Betrieb
In Vorbereitung

HEFT 1097
Prof. Dr.-Ing. Dr. h. c. Opitz, Laboratorium für Werkzeugmaschinen und Betriebslehre der Rhein.-Westf. Techn. Hochschule Aachen
Verschleiß- und Schnittkraftuntersuchungen bei der Zahnradbearbeitung

Ein Gesamtverzeichnis der Forschungsberichte, die folgende Gebiete umfassen, kann vom Verlag angefordert werden:
Azetylen / Schweißtechnik - Arbeitswissenschaft - Bau / Steine / Erden - Bergbau - Biologie - Chemie - Eisenverarbeitende Industrie - Elektrotechnik / Optik - Fahrzeugbau / Gasmotoren - Farbe / Papier / Photographie - Fertigung - Funktechnik / Astronomie - Gaswirtschaft - Hüttenwesen / Werkstoffkunde - Kunststoffe - Luftfahrt / Flugwissenschaften - Maschinenbau - Medizin / Pharmakologie / NE-Metalle - Physik - Schall / Ultraschall - Schiffahrt - Textiltechnik / Faserforschung / Wäschereiforschung - Turbinen - Verkehr - Wirtschaftswissenschaft.

WESTDEUTSCHER VERLAG · KÖLN UND OPLADEN
567 Opladen/Rhld., Ophovener Straße 1-3

MIX
Papier aus verantwortungsvollen Quellen
Paper from responsible sources
FSC® C105338

If you have any concerns about our products,
you can contact us on
ProductSafety@springernature.com

In case Publisher is established outside the EU,
the EU authorized representative is:
**Springer Nature Customer Service Center GmbH
Europaplatz 3, 69115 Heidelberg, Germany**

Printed by Libri Plureos GmbH
in Hamburg, Germany